芝公園姿図　設計＝長岡安平／東京都公園協会所蔵

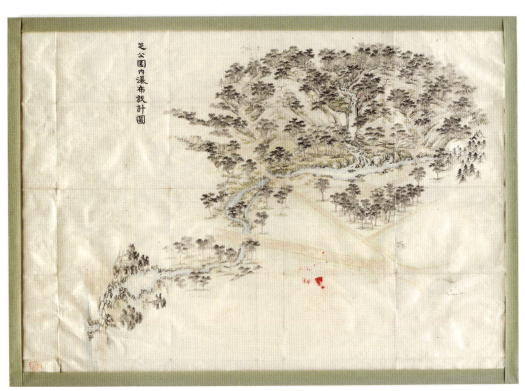

芝公園内滝部分図　設計＝長岡安平／東京都公園協会所蔵

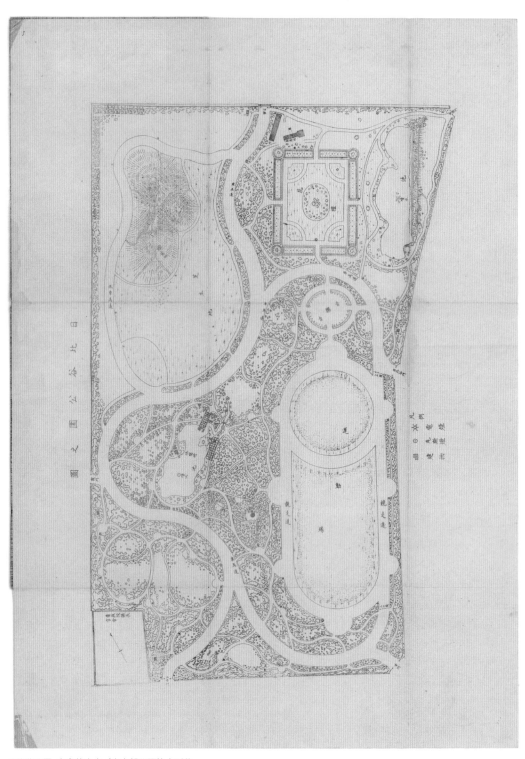

日比谷公園・本多静六案／東京都公園協会所蔵

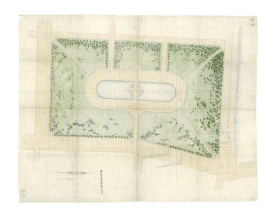
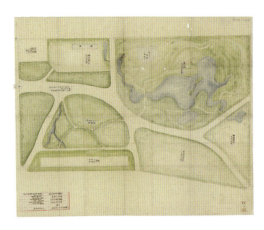

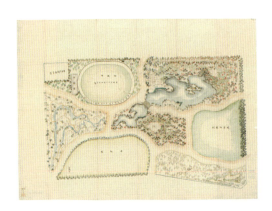

日比谷公園の様々な提案図面／東京都公園協会所蔵
左上＝辰野金吾案、右上＝小平義近案、左中＝田中芳男案、
右中＝長岡安平案、左下＝東京市吏員5名案

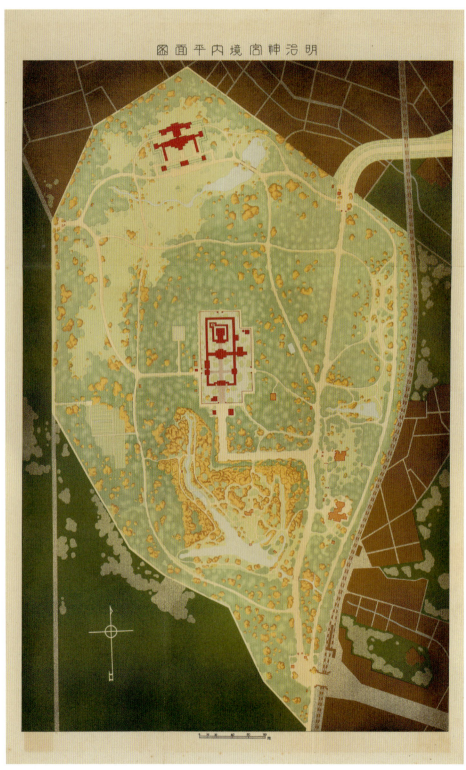

明治神宮内苑平面図／『明治神宮造営誌』内務省神社局、1930年

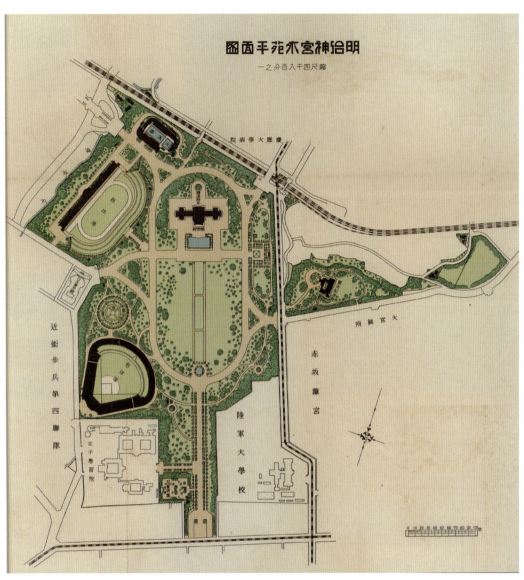

明治神宮外苑平面図／『明治神宮外苑志』明治神宮奉賛会、1937年

無隣庵庭園　造園＝七代目小川治兵衛／2018年5月撮影　撮影＝相模友士郎　提供＝植彌加藤造園

旧古河邸庭園　上=洋風庭園　造園=ジョサイア・コンドル／2016年4月撮影、下=日本庭園　造園=七代目小川治兵衛／2017年10月撮影　提供=東京都公園協会

震災復興公園　上＝浜町公園／『復興公園写真』より転載　下＝元町公園／東京都公園協会所蔵

近代造園史
Modern Landscape Architecture

粟野 隆 著

建築資料研究社

はしがき―なぜ「近代造園史」なのか

　我が国の造園については、はるか大昔の原始時代から、青森の三内丸山遺跡のように集落の中心には広場がつくられ、三重の城之越遺跡には庭園のような流れも存在していた。平安時代には貴族邸宅に優美な庭園が営まれ、鎌倉時代には京都、鎌倉の禅宗寺院の庭園を中心に力強い石組が発達した。造園学の分野では、造園史研究の先達たちが造園の過去を明らかにしてきたのである。

　本書は造園の過去の中でも、「近代」に焦点を当てている。なぜなら、明治維新後の文明開化によって西欧の造園思潮を受容し、公園というあらたな制度にもとづく空間を生み出し、職能としての造園家が誕生し、和・洋さまざまな庭園様式が発達し、造園学という学問自体も成立したからである。

　あらゆる意味で、今、私たちが地平を拓いてゆこうとする現代造園のルーツは、実は近代に秘められていると私は考えている。

　上記を踏まえて本書は、造園（Landscape Architecture）と造園家（Landscape Architect）のルーツともいえる近代に焦点をあて、その発祥前後の時代状況と造園との関係や、その後の造園の展開（思想・方法・技術）を歴史的に述べる。大半は、日本近代の庭園、公園、都市計画等の事象をまとめているが、欧米の造園についても触れ、相対的に近代の造園事情が理解できるようにしたつもりである。

　本書は4章で構成される。第1章では、前近代としての江戸期の公共空間としての遊園、明治期における公園制度の発祥、西欧文化の伝来と洋風造園の形成、近代造園学の誕生した背景などについて述べ、明治前期における洋風造園の黎明から、明治後期～大正期における造園学の誕生に至るまでを述べる。第2章では、近代都市が形成されてゆく中で、大正期から昭和初期における東京および京阪神における公園緑地整備の主導的役割を果たした人物に触れつつ、風景地を保護・利用する仕組みである国立公園の誕生、戦後の高度経済成長期の造園事情について述べる。第3章では、都市に形成されたテーマパークや、住宅庭園にみる和洋の多様な様式の形成に触れ、人々の娯楽や生活と造園空間とがどのように関係しているのかを探る。第4章では、欧米の各国に誕生した公園緑地の仕組みや考え方に言及しつつ、特にアメリカのモダニズム思潮とランドスケープの展開について述べる。最後は、日本の近代造園がどのような仕組みで保護されているのかについても触れようと思う。

　過去の造園を振り返ることにより、造園が如何にして生まれてきたのか、また、誰が生み出してきたのか。その軌跡を早速確認してゆくこととしよう。

粟野　隆／あわの・たかし

目　次

芝公園 …………………………………………………………………………… 1
日比谷公園:本多静六案、ほか5案 ……………………………………………… 2
明治神宮内苑平面図 ……………………………………………………………… 4
明治神宮外苑平面図 ……………………………………………………………… 5
無隣庵庭園 ………………………………………………………………………… 6
旧古河邸庭園 ……………………………………………………………………… 7
震災復興公園（浜町公園、元町公園）………………………………………… 8

はしがき―なぜ「近代造園史」なのか

第1章

近代国家の誕生:
洋風造園と造園学の黎明 ………………………………………………………… 15
　1. 近代という時代　＝近代造園史が対象とする時代＝
　2. 太政官制公園の誕生
　3. 西欧文化の伝来と洋風造園の登場
　4. 公園と近代都市、洋風造園の到達点
　5. 近代造園学の誕生

第2章

近代都市の形成:
緑地の多様化と国立公園誕生 …………………………………………………… 39
　6. 東京の都市計画と近代造園
　7. 京阪神の都市計画と近代造園
　8. 戦後の造園・ランドスケープの展開
　9. 自然・風景保護と風景地計画の黎明

第3章

造園の時代：
都市と住まいの中の庭園 ··· 57
 10. 日本近代テーマパーク行脚
 11. 日本近代庭園通覧－前編－
 12. 日本近代庭園通覧－後編－

第4章

近代から現代へ：
欧米のモダニズム思潮 ·· 77
 13. 欧米における近代造園前史
 14. 欧米における公園緑地の展開
 15. モダニズム思潮とアメリカン・ランドスケープ
 16. 近代ランドスケープ遺産保全の現在

参考文献 ·· 98
掲載資料一覧 ··· 103

あとがき

年表 ··· 106

索引 ··· 118

第1章

近代国家の誕生：
洋風造園と造園学の黎明

260年に及ぶ江戸期が終わりを告げると、西洋化の波が一気に訪れた。様々な事柄が洋風化される中、庭園はどのような変化を遂げていったのだろうか。時代の様相を振り返りながら、当時の庭園像を浮かび上がらせる。

1 近代という時代 =近代造園史が対象とする時代=

時代の定義

近代とは、そももそ「今(現代)に近い時代」という意味である。しかし歴史学に定義される近代とは、封建制社会の後、資本主義社会が成立して以降のことを指す。

したがって西洋史では、中世カトリックの伝統的世界観が揺らぎ、その後の西洋史に大きな影響を持つ「新航路の発見」「ルネサンス」「宗教改革」という潮流が社会において多大に影響した14～16世紀以降の時代を指す。

一方、日本史では、近代国家成立の端緒となる明治維新(1868)から、民主主義国家として出発する昭和20年(1945)の太平洋戦争の終結までを「近代」と規定するのが一般的である。

ここでは日本史で定義される「近代」に則る。ただし、わが国の近代造園事情は、幕末におけるペリー来航(1853)以降、日米和親条約(1854)、および日米修好通商条約(1856)にともなう神奈川、長崎、新潟、兵庫の開港といった開国・貿易と密接不可分の関係にある。また太平洋戦争終結以後の現代においても、昭和30年(1955)に日本住宅公団が集合住宅で展開した団地造園や、昭和31年(1956)制定の都市公園法によって設置された都市公園が、造園史上における歴史的価値を帯び始めている。

そこで本書では、幕末(近世末期):嘉永6年～慶応4年(1853-1868)、近代:明治元年～明治45年・大正元年～大正15年、昭和元年～昭和20年(1868-1945)、現代の一部:昭和20年～昭和30年代(1945～1960年代前半)を扱うものとする。

近代造園史が対象とする「近代造園」とは

本書では、以下に示す(表1-1)、5つの事柄(1:空間・環境、2:制度・仕組み、3:思想・思潮、4:組織・担い手、5:技術・材料)と内容に分類した時代のキーワードを織り込みつつ、近代の造園事情を時系列で紹介していく。

表1-1 近代造園を考えるための枠組み

種別	内容
①空間・環境	庭園(個人住宅、集合住宅等)、遊園(遊園地、屋上遊園等)、都市緑地(都市公園、街路並木等)、風致景観・名所(国立公園・自然公園、史跡名勝天然記念物の一部等)
②制度・仕組み	法制度等(太政官布達第十六号、市区改正条例、史跡名勝天然紀念物保存法、国立公園法、都市公園法等)
③思想・思潮	文明開化、近代化、洋風、自然主義、モダニズム等
④組織・担い手	行政(内務省、宮内省)、大学・学校(東京高等造園学校、千葉高等園芸学校等)、造園学者、インハウス・アーキテクト、近代庭師(植治等)
⑤技術・材料	計画・設計という行為(図面の誕生)、大規模造園施工技術(植栽、土工、構造物等)、近代造園材料としてのセメント・モルタル・コンクリート

1. 断髪した明治天皇

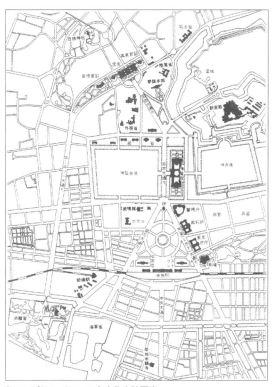

2. エンデとベックマンの官庁集中計画案

近代造園に関連する日本の近代事情

脱亜入欧
―西洋の技術・制度・文化の移入に
努めた時代（幕末〜明治初期）

　嘉永6年（1853）、アメリカ東インド艦隊司令長官マシュー・ペリーが、江戸湾入り口の浦賀沖に4隻の軍艦を率いて来航した。開国と通商を求めるアメリカ大統領の国書を、ペリーが幕府の役人に手渡したこの頃から、日本の開国の幕が切って落とされた。同時に、日本が欧米の技術・制度・文化の積極的移入に努めた明治10年代までをここでは意味している。

開国から明治維新まで　ペリー来航以後、安政元年（1854）のアメリカと日米和親条約、安政5年（1858）の日米修好条約の締結を契機に、神奈川、長崎、新潟、兵庫の開港、江戸と大坂の開市、開港場でのアメリカ人の居住などが取り決められ、開国が本格化した。幕府は引き続き、オランダ、ロシア、イギリス、フランスとも同様の条約を締結し、日本は欧米諸国と貿易を開始した。このような欧米諸国に対する開国は、産業、技術、文化、風俗など、多様な分野に近代化がもたらされる要因となった。

　戊辰戦争（明治元年〜2年／1968〜69）では、薩摩・長州両藩を中心とする新政府軍が旧幕府軍に勝利を収め、新たな政治理念を掲げた「五箇条の誓文」を定めた。さらに江戸を東京と改め、太政官と呼ぶ中央政府に権力を集約し、近代国家と

3. コンドル設計の鹿鳴館

4. 岩倉使節団のメンバー（中央が岩倉具視）

5. 明治初期における洋風建築の街（山形）

しての体制を整えた。また、年号を明治と改め、天皇一代の間を一年号とする「一世一元の制」をたてた。

これらの大々的な改革は、当時「御一新」と呼ばれたが、これを今日「明治維新」としているのである。

文明開化と西欧的近代化　明治政府は熱心に欧米の制度や文物を取り入れた。明治天皇の断髪と洋装に始まり、椅子式の洋式の生活様式など、文明開化の風潮が広まった。政府は、明治3年（1871）より、岩倉具視をリーダーとする「岩倉使節団」を欧米各国に派遣して、制度や文物の視察を行った。

この文明開化の潮流を受けて建築界では、近世以来の大工棟梁による「擬洋風建築」（洋風を志向しつつも、随所に伝統的な技法が用いられ、和と洋が異様に組み合わさった建築の様式）が、東京など全国の都市域に誕生した。

建築の本格的な洋風化は、明治10年（1877）、御雇建築家としてイギリスからジョサイア・コンドル（1852～1920）が招聘されたことが、ひとつの端緒となった。

コンドルは「有栖川宮邸」などの皇室邸宅、「上野博物館（帝国博物館、帝室博物館）」など、数々の洋館の設計を手掛けたが、とりわけ、明治16年（1883）竣工の「鹿鳴館」は、明治初期の洋風建築の到達点を示した建築である。また鹿鳴館は、洋装をまとった紳士淑女が洋楽に合わせてダンスをたしなむ、といった近代社交の舞台装置ともいえるもので、明治初期における文明開化の象徴として評価されるものである。

6. 明治期における鉄道の誕生（新橋停車場）

　都市計画では、特に東京が注目される。「防火」の観点から明治14年（1881）、「東京防火令」が出された。以降、官有施設の集中する丸の内や、商業の中心地である銀座などの都市計画が明治10年代に検討された。東京で検討された主な都市計画を挙げると、上記のコンドルによる中央官庁地区計画案（1885）、御雇建築家のヘルマン・エンデとヴィルヘルム・ベックマンによる官庁集中計画案（1886）がある。

　これらはいずれも、都市の中心軸を設定したヨーロッパの計画思想を基調としたものであった。また、パリが大改造を行ったように東京を改造するという方針のもと、官庁のみならず、公園、広場、市場、劇場などの都市施設の広範な内容を検討したものには、「東京市改正条例」（1888）が存在する。

　なお、明治初期には脱亜入欧の風潮と並行して神道国教化の方針をとった。そのため神宮の主導した廃仏毀釈の運動が極端化し、仏教寺院の荒廃や寺領の没収が加速化した。

都市整備と日本人による洋風建築の理解、日本文化の復興の時代
（明治中期～後期）

　幕末以来の欧米諸国との不平等条約の改正が実現しつつあった明治20年代から、日清戦争（1894）、日露戦争（1904～1905）で我が国が勝利を収めて領土を拡大し、台湾、満州、朝鮮の東アジアの諸地域をそれぞれ占領地として総督府を置き、欧米の列強諸国と対等の国際関係を構築した。

　そのような時代背景の中、東京市区改正条例の公布と同時期に、欽定（大日本帝国）憲法が発布されたことにより国会が開設され、我が国は新時代を迎えた。

　交通幹線としては鉄道が逐次整備され、国有化が促進されたことにより、インフラとしての機能が一段と強化された。都市内においては人力車・馬車に代わって路面電車が主軸をなし、急速な都市化が進展することとなった。

　東京市区改正条例は、法律の庇護のもとで明

7. 辰野金吾

8. 片山東熊

9. 木子清敬

10. 片山東熊設計の赤坂離宮

治20年代以降、具体化に向けた検討がなされたが、財政逼迫の影響によって計画の縮小と延期を余儀なくされた。それにもかかわらず、殖産振興の影響から人口の都市集中の傾向が現れた。また、大阪・京都を始めとする主要都市でも、都市整備の必要に迫られ、独自に市区改正の準備を行うところも現れた。さらに、新領土になった台湾や朝鮮は、民生安定のために各種の施策が講じられたが、都市整備の観点よりも、むしろ資源確保の観点から各種開発事業が実施された。

日本人による洋風建築の理解　工部大学校造家学科（現・東京大学建築学科）では、御雇建築家・コンドルにより、本格的な建築教育が始まり、明治12年（1879）に辰野金吾ら4人が第1期生として卒業した。さらに辰野はコンドルに代わって工部大学校で教鞭をとり、明治23年（1890）には、エンデとベックマンが日本を去り、御雇建築家がリードする時代は終焉を迎えた。

明治20年代以降、コンドルに育てられた21名の工部大学校卒業生、欧米の大学で建築を学んだ4名の留学生が、日本人建築家としての第一世代として活動することとなった。彼らの建築は、明治前期に登場した擬洋風建築ではなく、西洋建築の空間構成原理を徹底的に踏襲した純洋風建築であった。

明治28年（1895）前後に東京府庁（妻木頼黄）、京都帝室博物館（片山東熊）、日銀本店（辰野金吾）といった作品で西洋建築の理解を具体的に示し、明治42年（1909）の赤坂離宮（片山東熊）で洋風建築としての到達点を迎えた。

日本文化の復興　明治維新後の廃仏毀釈によって、我が国の伝統建築は廃れたが、急速な欧化政策に対する反動、さらには条約改正問題、日清戦争を通してのナショナリズムの高揚といった諸要因から、洋式建築が台頭する一方で、明治20年代になると和風建築も復興していった。それは、皇室・皇族・華族・政府高官・実業家らが洋館をステイタスシンボルとして邸宅に構える一方で、和館も敷地内に併置し、和洋館並列型住宅として造営したことからもうかがえる。

西洋との対置において和風建築の水準を高めた建築家には、宮内省内匠寮技師の木子清敬・木子幸三郎が挙げられる。

また、明治30年代に至っては茶の湯が復興し、

11. 日本初のカフェ「赤玉」

12. 銀座の風景（銀座で闊歩することを「銀ブラ」と称した）

数寄屋邸宅の隆盛をみた。その推進役は、政・官・財界で大きな力を持つ、ブルジョワジーでありながら、趣味として茶をたしなみ、茶道具や古美術品を財力に任せて収集した近代数寄者と呼ばれる人々である。関西財界の雄・藤田伝三郎、三井物産の大物・益田孝らが筆頭に挙げられる。

都市計画制度の充実・文化の大衆化・モダニズムの時代
（大正期〜昭和前期）

大正期から昭和前期は、産業の発展、市民社会の成立、世界的なデモクラシーの風潮の高まりから、日本では「大正デモクラシー」と呼ばれる自由主義、民主主義的な活動が活発となった。

大正期には、第一次世界大戦にともなう各種産業の強化、近代化による人口の都市集中が加速するなど、都市問題も制度、計画、施設など総合的な観点から検討が必要とされるようになった。

内務省では大正8年（1919）に都市計画法、市街地建築物法などの制度を設けた。大正12年（1923）には関東大震災が発生し、東京、横浜等の首都圏が未曾有の大災害にみまわれ、帝都復興による震災復興計画が進められた。

昭和初期には神都整備事業を始めとした各種の紀元（皇紀）2600年記念事業が国民の精神高揚を兼ねて計画実施され、都市防護（防空）、工業分散などの諸施策も着手された。

第二次世界大戦後は、昭和20年（1945）にいち早く戦災復興院、昭和23年（1948）には建設省が設置され、行政的に都市整備事業が推進された。昭和20年代後半から昭和30年代にかけて日本経済は好況を呈し、道路、下水道、港湾、建築に関する各種法制度が制定、とりわけ昭和31年（1956）には都市公園法が制定された。

文化の大衆化　大正期から昭和初期の文化の特色は、大衆文化の進展であり、それを推進したのは都市を中心とする知識層であった。東京・銀座や大阪・心斎橋には、洋装の男女（モダンボーイ、モダンガール。略してモボ・モガ）が闊歩し、映画、カフェ、百貨店、ダンスホールなど、各種娯楽施設が都市に誕生した。建築学者の今和次郎は、そういった都市風俗を丹念に調査し、考現学（モデルノロジー、modernology）を提唱した。

13. 近代主義の建築（右）（若林邸）

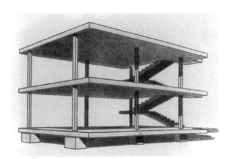

14. ル・コルビュジエの「ドミノ システム」

15. 土浦亀城邸

モダニズムの誕生　第一次世界大戦が終わった直後、造形芸術の諸ジャンルは前衛（アバンギャルド）の傾向を帯びていった。すなわち、20世紀初頭に始まる西洋の絵画革命として、立体派、野獣派、抽象表現などの思潮があるが、とりわけ、ロシアで誕生した構成主義は、建築デザインに大きく影響した。いわゆる、近代主義（モダニズム）建築といわれるものである。

モダニズム建築は、俗に「豆腐を切ったような」といわれるように、装飾性を避けた、均質でなめらかな表面を持つ四角い箱のようなイメージがある。これはコンクリート、鉄、ガラスといった近代の工業素材が建築表現に反映されていることが基底にある。モダニズム建築の立役者とされているのはフランスの建築家 ル・コルビュジエで、初期作品の「ドミノ システム」は、鉄筋コンクリート製の6本の独立柱と3枚の床スラブから構成された極めてシンプルなデザインで、モダニズム建築の象徴とされる建築である。

このモダニズムという思潮が、日本に伝わったのは、大正末期から昭和初期であった。日本人による昭和初期のモダニズムを具現化した代表的建築には、土浦亀城設計の自邸（1935）、堀口捨己設計の若狭邸（1937）、ビルディング形式の初期到達点を示す村野藤吾設計の森五商店東京支店（1931）などが挙げられる。

戦後もモダニズムは建築デザインに受け継がれ、その構成主義的な考え方は、大正末期から昭和初期の井下清を中心とした東京市役所の公園設計、重森三玲らの庭園デザインにも特徴が見られる。

2　太政官制公園の誕生

16. 隅田川堤の花見

17. 品川御殿山の花見

18. 飛鳥山の花見

19. 中野の桃園

江戸時代の公共空地

吉宗の遊園造成　「公園」という制度は近代に誕生したが、江戸時代から公園的な性格をもつ造園空間は存在していた。それは江戸市中の庶民の行楽と大きく関係していた。「物見遊山」と称し、庶民が浅草、湯島天神、上野、芝など、眺望の良い高台や社寺境内地を訪ね歩いたのである。そういった行楽地の空間整備を造園的に行ったのが、徳川幕府8代将軍・徳川吉宗であった。

　吉宗は特に享保年間に「享保の改革」を断行し、庶民にも倹約・節制を要請したが、庶民の情をも鑑み、民心掌握策として品川御殿山、隅田川堤、飛鳥山、中野に遊園造成を行った。これら遊園の敷地は、すべて幕府の直轄地（官有地）であり、この土地を庶民に公開したことが、極めて重要な点である。

　遊園造成の初期にあたるのは、享保2年（1717）の隅田川堤である。吉宗は隅田川の木母寺から寺島村にかけての隅田川左岸の堤に、桜を主としつつ、柳、桃などを植樹した。いわゆる、江戸の名所として著名な「墨堤の桜」の発端であった。

　次いで享保年間初期に、吉宗は品川「御殿山」に多くの奈良の吉野山の桜を植栽し、四民遊観の

20. 八ツ小路（江戸の広場）

21. 公共広場としての「広小路」

正院達第拾六号　府県ヘ
三府ヲ始、人民輻輳ノ地ニシテ、古来ノ勝区名人ノ旧跡等是迄群集遊観ノ場所（東京ニ於テハ金竜山浅草寺、東叡山寛永寺境内ノ類、京都ニ於テハ八坂社、清水ノ境内、嵐山ノ類、総テ社寺境内除地或ハ公有地ノ類）従前高外除地ニ属セル分ハ永久万人偕楽ノ地トシ公園ト可被相定ニ付府県ニ於テ右地所ヲ撰シ其景況巨細取調図面相添大蔵省ヘ可伺出事
明治六年一月十五日　　太政官

22. 太政官布達第16号（明治6年）

場所として開放した。同6年（1721）には丘の上に制札を立て、花時遊人が花を折り、人に迷惑をかけるなどの狼藉を禁じた。これは明らかに、花見の場所としての公共空間を創出しようとしたことを物語るものといえる。

また吉宗は享保5年（1720）に「飛鳥山」に桜の苗木270本を植え、翌年には松、楓などとともに桜を1000本植栽したという。さらに吉宗は江戸城の西にあたる中野村に「桃園」を造営し、紅桃などを植栽した。

火除地の広場的性格　江戸時代は、江戸の市街地の住居等の過密化によって幾度も大火を被ったが、明暦3年（1657）の大火以降、防火上の観点から計画的に「火除地」（火除明地）を設けた。これは近代以降発達したオープンスペースの原初的形態ともいえる。

火除地の配置は、主に火災時に不慮の死者が多数出そうな場所、あるいは橋梁、城門等の類焼を防げる場所が選ばれ、道路を広げたという意味で一般に「広小路」と呼ばれた。平時は茶店や見世物小屋が並び、まさに庶民の盛り場的な公共広場として利用されたのである。

明治維新後における江戸の庭園都市の崩壊

江戸時代の江戸市中は庭園都市であった。なぜなら、朱引地内である江戸市中の約6割が武家地（全国の諸藩の大名およびその関係武家の屋敷地）で、それぞれの屋敷にことごとく庭園が築造されていたからである。

しかし明治維新よって、明治新政府が誕生すると、大きく状況は変わった。政府は官有地として土地を利用するため、大名が徳川家から拝領した土地を没収することを定めたのである。いわゆる上地令といわれるものである。これにより江戸から武家が国元に引き揚げ、武家地は空き家・空き地が続出し、江戸期に繁栄を極めた庭園都市は明治時代に初頭にあっけなく崩壊した。

政府は、崩壊していく旧来の武家地の復興を企図して、空き家・空き地となっている土地に桑と茶の木を植えるという政策を採った。「桑茶政策」といわれるものであり、この政策によって、江戸の武家庭園はさらに破壊された。明治期に荒廃した武家地は、官有地として官庁施設が建てられ、皇室・皇族の邸宅地として利用された。

23. アントニウス・ボードイン

24. 上野公園の様子

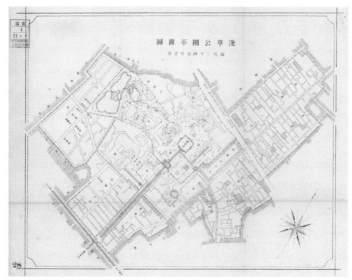
25. 浅草公園の平面図（明治中期）

太政官布達第16号（正院達第16号）

　明治6年（1873）1月15日、我が国初の公園制度が誕生した。「太政官布達第16号」（正院達第16号ともいう）である。太政官は、明治18年（1885）における内閣官制制定までの国政の最高機関である。布達とは、上から下に対しての「お達し」のことをいう。すなわち、中央官庁から府県に対する下達のことである。

　おおよそ意味は、「三府（東京府、京都府、大阪府）を始めとする人々の集まる地域に由緒ある景勝地や名所、又は著名人の旧跡等で、古来より人が集まる遊観の場所（東京では浅草寺、寛永寺の境内、京都では八坂神社（祇園社）境内や嵐山などの社寺境内や国の所有または所管に属する土地）については、永く国民が楽しむ"公園"とすべきである。府県は適地を選び、図面等を添えて大蔵省に伺い出るべきこと」ということである。

　この太政官布達第16号によって、東京では芝増上寺の境内地を含む芝公園、上野寛永寺の境内地を含む上野公園、富岡八幡宮の境内地を含む深川公園、浅草寺の境内を含む浅草公園、吉宗が桜を植樹した地のひとつである飛鳥山公園などが、公園に定められた（開設年代はすべて明治6年）。これらを、東京府下最初の五公園という。

　太政官布達第16号が公布された背景には、岩倉使節団の欧米視察によって先進国には「Park」が計画的に都市に配置され、日本でもそのような都市の近代化を図ろうとしたこと、また上野寛永寺の立地する台地に官立の大学東校（現在の東京大学医学部）を建設しようとした際に、オランダ軍医アントニウス・ボードインが公園とするよう、大学建設に強く反対したことなどが指摘されているが、おおむね次の要因による説が有力である。

① 都市の近代化（西欧化）のための公園概念の導入
② 江戸期以来の群衆遊観の場所の確保
③ 明治政府によって上地された土地（国有地）の有効活用

3　西欧文化の伝来と洋風造園の登場

26. 整形式庭園を持つ出島（19世紀初頭）

27. 風景式庭園となった出島（19世紀中期）

長崎出島のオランダ商館庭園

　近代造園史研究では、洋式庭園の本格的導入は、江戸時代の鎖国が解かれ、欧米列強との貿易等の通商交流が活発化した明治維新後に顕在化してきたことが分かっている。

　しかし鎖国中であっても、わが国には外国との交流を行っている場所があった。長崎港内の扇形の埋立地で、寛永11年（1634）に建設された長崎出島である。

　江戸幕府による鎖国政策は、慶長18年（1613）のキリスト教禁止令以来、5回にわたる鎖国令（1633、1634、1635、1636、1639）によって強化されていった。ただし、長崎という地域は、寛永18年（1641）のオランダ商館の出島移転によって、海外に唯一開かれた窓として西洋文化受容の重要な役割を担ったのである。

　その長崎出島のオランダ商館には、すでに寛永期の17世紀中期に、洋式庭園が築造されていた。成立時の庭園形態は、四角形、円形、星形を図案化した花壇状の園地であり、宝暦期頃（18世紀中期）には方池（方形の池）と直線園路による左右均整の構成に、パーゴラや日時計などの装飾的施設を配した整形式庭園に改造された。さらに、弘化、嘉永期（19世紀中期）には、曲線園路を巡らせた自然風景式庭園に姿を変えたのである。オランダ商館庭園にみる整形式から自然風景式への庭園様式の変化は、西洋における庭園様式の変遷とも合致するものとして注目されよう。

開化期における西欧造園の見聞

　幕末から明治初期には、文明開化、脱亜入欧の思潮のもと、海外に各種の使節団が派遣された。特に詳細な渡航記録をまとめたのは、「岩倉使節団」である。

　岩倉使節団とは、特命全権大使・岩倉具視（右大臣）を中心に、木戸孝允、大久保利通、伊藤博文、山口尚芳ら総勢46名が、明治4年（1871）11月12日に横浜を出港し、同6年（1873）9月13日

『欧米回覧実記』に掲載された欧米の造園（左から28.セントラル・パーク、29.クリスタル・パレス、30.プラーテル苑、31.ベルサイユ宮殿）

に同港に帰着した遣外使節団のことをいう。

　岩倉使節団のメンバーのひとり、久米邦武は渡航記録を『米欧回覧実記』としてまとめ、開化期のわが国に、欧米の産業、技術、文化を精緻な筆致で紹介した。岩倉使節団は数多くの西欧造園を実見しており、主要なものには、ジョセフ・パクストン設計の水晶宮（イギリス・ロンドン）、アンドレ・ル・ノートル設計のベルサイユ宮苑（フランス・パリ）、F. L. オルムステッド設計のセントラルパーク（アメリカ・ニューヨーク）などがある。そのなかで使節団は、イタリアやフランスの幾何学式庭園、イギリスを中心とした風景式庭園など、その多様な庭園のスタイルに驚くのみならず、「公園」（公苑）、「動物園」（禽獣園）、「植物園」（草木園）といった造園の多様な類型を目の当たりにしたのである。

　『米欧回覧実記』には、特に日本と西欧との造園観の違いについて、

「東西洋ノ風俗性情ノ毎ニ相異ナル、反対ニ出ルカ如シ、西洋人ハ外交ヲ楽ム、東洋人ハ之ヲ憚ル（中略）西洋人ハ外ニ出テ盤遊ヲ楽ム、是一小邑モ必公苑ヲ修ムル所ナリ、東洋人ハ室内ニアリ惰居スルヲ楽ム、故ニ家々ニ庭園ヲ修ム、是土地ノ肥瘦ヨリ生スル気習然ルカ、西洋人ハ有形ノ理学ヲ勉ム、東洋人ハ無形ノ理学ニ篤ス、両洋国民ノ貧富ヲ異ニシタルハ、尤此結習ヨリ生スルヲ覚フナリ、西洋各都府ニ草木園禽獣園アルハ、我植木屋禽獣観場アルト、其大小ヲ差シテ、其外貌ハ相似タリ、然トモ設置ノ本領、元来相反セリ‥‥」

　岩倉使節団のほかにも、幕末から明治初期にかけては数々の遣外使節が海外に派遣され、公園

32. 横浜・山手公園の様子

34. 神戸・東遊園地

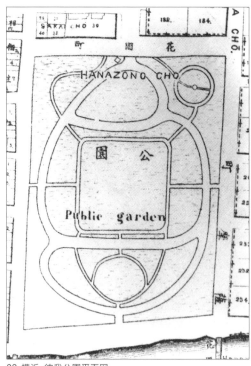

33. 横浜・彼我公園平面図

や西洋式の庭園に関する情報がわが国に伝来した。これが明治期以降、我が国に洋風造園が展開する素地となった。

外国人居留地の洋風造園

安政5年（1858）の日米修好通商条約以来、明治政府は欧米5ヶ国と通商条約を締結した。このことより、開港場に外国人居留地を設置することが定められた。外国人居留地は、政府が外国人の居留及び交易区域として特に定めた一定地域を指し、①築地居留地、②横浜居留地、③川口居留地、④神戸居留地、⑤長崎居留地、⑥箱館（函館）居留地、⑦新潟居留地、の6ヶ所が整備された。

開港場の居留地は、長く鎖国下にあった日本にとって、西洋文明が直接的に導入される文明開化の拠点となった。そこにはホテル、教会堂、洋館などが建ち並び、西洋風の街並みが形成された。それらに付属して洋風造園が登場したのである。

外国人居留地の洋風造園には、開放的な芝生を配し、直線園路の中軸線上にガゼボ（洋式四阿）を設置した横浜居留地の山手公園（1871年完成）や、中央にクリケットグラウンド用の広場を配し、周囲を植栽帯で囲んだ横浜公園（「彼我公園」ともいう。1876年完成）、神戸の東遊園地（1875年完成）などが西洋式の公園として最初期のものである。

上記は外国人が設計に関与したもので、その地割構成も純洋風たるものであったが、各地の居留地に現れた洋風造園の多くは、西洋を意識しつつも旧来の日本庭園の雰囲気を随所に残した「擬洋風」とでもいうべきものであった。

35. イギリス公使館庭園

36. 函館公園の中央園地

37. グラバー邸庭園

38. 築地ホテル館庭園

　当時造られた擬洋風庭園のタイプは、大きくふたつに分けられる。ひとつは、日本庭園の構成を基本としながらも局部を洋風化したものである。その典型は築地ホテル館庭園（1868年完成）であろう。外国人には「エド・ホテル」と親しまれ、2代目・清水喜助（清水組、現・清水建設）による擬洋風建築の傑作としても知られるこのホテルは、一曜斉国輝筆「東都築地保圣留館海岸前庭之図」に庭園が描かれている。その地割構成は築山林泉を基調とするが、要所に鉢物を装飾的に置き、入り口には蔓植物を絡ませたアーチ門を採用するなど、点景物に多分に洋風を加味したものであった。このタイプの特徴を具備したものには、他に横浜のイギリス公使館庭園（1871年完成）、長崎のグラバー邸庭園（1863年完成）などが挙げられる。

　もうひとつは、前述のタイプとは反対に、整形的な洋風地割を採用するが、日本庭園的要素を局部的に取り入れたものである。その最たる事例は住民参加型の整備によって明治12年（1879）に開設された函館公園の円形庭園である。「函館公園全図」では、芝生広場を扇形に四分割し、真ん中に円形の小園地を配した求心的な庭園地割を持っていたことが分かる。しかし中央の小園地には、雪見灯籠、手水鉢、仕立物の松がセットで配され、和と洋が異様な形で同居した独特な様相を呈していたのである。また、時期はやや下るが、楕円形の池を中心に左右対称の地割を持ちながら、春日灯籠や松を随所に用いた東京の鹿鳴館庭園（1883年完成）も、このタイプに含まれるであろう。

4 公園と近代都市、洋風造園の到達点

39. 東京市区改正審査会の計画図（旧設計）

40. 東京市区改正における公園の位置（旧設計）

東京市区改正と日比谷公園

都市計画に位置づけられた公園　明治21年（1888）、「東京市区改正条例」が公布された。これは近代国家の首都として欧米の都市の様相を顕現させるという政治的問題によるものだが、防火問題や交通問題などとも大きく関わっていた。東京府知事吉川顕正は、市区改正意見書を内務卿山縣有朋に提出、決裁を得て明治22年（1889）に「東京市区改正設計（旧設計）」が告示された。ここに初めて公園は都市計画に位置付けられ、衛生、都市美、防災用避難地としての機能が期待された。

市区改正委員会が決定した公園計画の注目すべき点は、『日本の都市公園 – その整備の歴史』（2005年）によれば以下の5点である。

① 遊園の名称を廃止し、大小の区別なく「公園」とした。

② 東京の中央公園として「日比谷公園」を位置づけた。

③ 各区に小公園を配置しつつ、隣接町村地域に区部外公園をも取り入れた。

④ 隅田川の河岸に広幅員道路とし、ここを河岸公園として向島公園（後の震災復興計画で実現した隅田公園）を計画した。

⑤ 芝の高輪に海岸公園として高輪公園（後の震災復興計画で横浜の山下公園のヒントとなった）を計画した。

上記では、総計49公園、総面積にして約330haの計画が決定されたが、度重なる財政難により、大幅な予算規模の見直しが余儀なくされた。公園においても大幅な縮小削減を受け、明治36年（1903）に再度「東京市区改正設計（新設計）」が告示された。

新設計では、旧設計49公園中31公園が削除さ

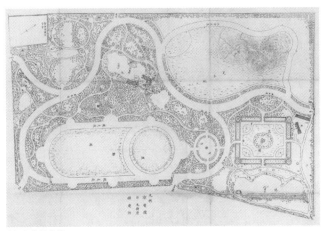
41. 本多静六案

42. 本多静六

43. 小平義近案

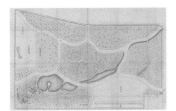
44. 田中芳男案

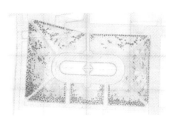
45. 辰野金吾案

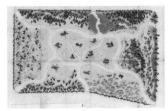
46. 長岡安平案

れて18公園が残り、新たに4公園を加えた22公園が計画されたものの、既存の神社地の公園化への帰結を除いて、新設の公園として実現を見たのは日本橋の坂本町公園と日比谷公園の2公園であった。

日比谷公園の設立　日比谷公園は旧練兵場跡地を利用して計画されたものである。この公園は、市区改正委員会が第1番の番号を与え、計画上も東京の中央公園として位置づけられていたことから、設計案の決定には大幅な検討の時間を要した。

　首都東京にふさわしい近代的洋風公園が待望されるなか、日本園芸会（田中芳男）案（1894）、日本園芸会（小平義近）案（1894）、公園改良取調委員会（長岡安平）案（1898）、辰野金吾案（1899）、東京市吏員5名案（1900）など、さまざまな設計案が提出された。

　しかし、委員会でのコンセンサスは得られず、最終的には、ドイツ留学から帰国して間もない東京帝国大学の林学者・本多静六の設計案（1901）に決定した。本多のプランは、曲線形の広幅員による馬車道によって敷地を大きく4区分し、さらにドイツ留学の際に入手したベルトラムの『庭園設計図案』（1891）の広場・運動場のプランを引用、全体をドイツの林苑風公園として具体像を描いた。また、欧化の象徴でもある「洋花」（花壇）、「洋楽」（音楽堂）、「洋食」（松本楼）の諸要素を園内に配置、併せて日本人になじみの深い和風庭園も取り入れた和魂洋才の公園プランとしたのであった。なお、実際の図面化は弟子の本郷高徳が行っている。

　紆余曲折を経て、日比谷公園は明治36年（1903）6月1日に開園され、東京の新名所として喧伝された。

47. 天王寺公園の花壇

48. 小澤圭次郎（酔園）

49. 鶴舞公園の噴水塔周辺の状況

「日比谷」型公園の展開

　日比谷公園が誕生した明治後期以降から大正期にかけては、日露戦争（1904～1905）の勝利を契機として、富国強兵と殖産興業をますます強力に推進した。産業の飛躍的発展により、大阪、名古屋、神戸、横浜、京都の5大都市に人口が集中し、東京と同様、都市計画法制度の整備や近代的な公園を望む声が一段と高まっていった。そのような時代背景の中、日比谷公園のような中央公園タイプの公園も上記の大都市を中心に誕生をみた。

　その代表のひとつは、明治42年（1909）に開園した大阪の天王寺公園であろう。本公園は明治36年（1903）開催の第5回内国勧業博覧会会場跡地を公園化したもので、東半分が天王寺公園、西半分が新世界通天閣とルナ・パークなど、近代的歓楽街として発展することとなる。公園デザインは大阪府立農学校の井原百介による設計の幾何学的な洋式花壇、小澤圭次郎（酔園）の純和風庭園、楕円形の競技場などを配し、各所に博物館、公会堂、音楽堂などを大正期にかけて随時竣工させ、さながら、大阪の日比谷公園の威容を整えていった。さらに天王寺公園は、大正3年（1914）に動物園が敷地の西北に移設（現・天王寺動物園）、昭和8年（1933）には隣接する茶臼山に住友家が造営した慶沢園（7代目小川治兵衛作庭）が寄付され、近代大阪の代表する公園として進化を遂げた。

　同様の展開は近代名古屋にもみられた。明治42年（1909）に開園した鶴舞（つるま）公園である。この公園は既存の胡蝶ヶ池と龍ヶ池、さらに秋の池と春の池を順次築造して和風の姿形を整えた、一方、名古屋の近代建築家・鈴木禎次設計の噴水塔、奏楽堂を軸として、放射状の幾何学的な洋風造園プランを提示、その後には、運動場、動物園、図書館、公会堂など、やはり日比谷公園の影響を受けた施設配置がなされていった。

50. 新宿御苑平面図

51. 福羽逸人

52. 新宿御苑の鳥瞰図

53. 東宮御所（赤坂離宮）平面図

洋風造園の到達点

　明治後期に至り、本格的な洋風造園を手掛ける組織が現れた。宮内省内匠寮の造園部局の集団である。内匠寮の造園部局は、主に皇室関係の造園の造園を手掛けた組織である。その主たる例は、明治39年（1906）に洋風に改造された新宿御苑である。

　本庭園はフランス人造園家、アンリ・マルチネが原設計を手掛け、宮内省内匠寮の福羽逸人が適宜計画を修正、同技師・市川之雄の施工監理によって完成した。ここでは、蔬菜園、果樹園、フランス式庭園、毛氈花壇、動物園、日本庭園など、さまざまな構成が混在するものであったが、敷地全体は広々とした芝生と曲線園路を主としたイギリス風景式庭園によってまとめられ、明治における洋風庭園の到達点を示す事例として評価される。内匠寮は、同時期に東京の東宮御所庭園（1910年完成）、伊勢の神宮徴古館庭園（1910年頃完成）など、次々と完成度の高い純洋風造園を手掛けていった。

　また、明治38年（1905）、文部省は学校園設置奨励の訓令を発し、各地の教育部局、教育学者、造園学者らは欧米各国の学校園の研究調査に着手した。そして学校校庭には運動場、遊園、菜園など、教育上必要な造園空間とあわせて、整然と並ぶ校舎間の空閑地に欧米各国のキャンパスにみられた整形式庭園を積極的に採用し始めた。その現存事例は数少ないが、新宿御苑の改造にも関与した林修巳の手掛けた千葉高等園芸学校（現・千葉大学園芸学部）の沈床庭園（1909年完成）、宇都宮農林学校（現・宇都宮大学農学部）の放射状にツツジの刈込を配したフランス式庭園（1926年完成）が当時の姿をとどめる。キャンパス庭園は洋風造園の形成においてもひとつの流れを築いたのである。

5 近代造園学の誕生

園藝學目次 等	景園學目次（田村林学士ニヨル）等
園藝學 　Horticultureノ語源（装飾ニ関スル技藝及ビ学術、庭園等） 　吾園藝ノ状況　輸出ノ状況（庭木、植木の刈込等） 　内地ノ果物蔬菜花卉庭木ノ用途（洋花の配色等） 園藝學課別 　Fruit Culture（果樹栽培）　Vegetable Culture（蔬菜） 　Flower Culture（花卉）　Landscape Gardening（造庭） 　果樹(pp1-367)　蔬菜(pp368-427)　花卉(pp428-435) 　　(Annual Plants, Tree of Shurab, Leaf plants and Greens等) 　花壇(pp436-439)　(Bordeur, Parterre, Corbeille等) 　盆栽(pp439-443)　（日本盆栽、西洋盆栽） 　並木(pp444-449)　（概説、樹種等） 　庭園ニツイテ少々(pp450-456) 　Style（regular garden, iregular garden等） 　園及風景園（Landscape Garden, Parce 等） ＊「園藝學」には、「HORTICULTURE PROF. HARA. Y.YAMASE」と記されている。 ＊「景園學目次」は「庭園美論稿　大正六年十月　森歓之助」の一部で、目次の次は下記のような構成になっている。 景園學講義 　美学綱領、美の内容、形式美、庭園ノ観賞等 (1917, 21, Sep) 　自然美ト庭園美、景園美論（大正六年九月廿日） 　公園及公園系統　公園の都市計画上ニ於ける意義＝公園ノ社会的及経済的意義　公園界最近の傾向＝大阪の公園 　公園の種類・公園系統・公園地の選定（大正六年十月廿日）	第一章　景園ノ義解 　第一節　景園ノ範囲　第二節　景園美 　第三節　景園特ニ造園ノ種類並ニ様式 第二章　景園ノ沿革 　第一節　西洋景園史 　第二節　東洋景園史 　　1. 支那景園史　2. 朝鮮景園史　3. 日本景園史 第三章　景園ノ材料 　第一節　自然材料　第二節　人工材料 第四章　景園ノ築造 　第一節　築造ノ根本原則　第二節　局部の築造 第五章　景園ノ設計 第六章　景園ノ問題 　第一節　庭園 　　A　風致的庭園 　　　a 写実的庭園（縮景的庭園） b 理想的庭園 c 便化的庭園 　　B　建築的庭園 　第二節　公園 　　A　風致的公園 a 写実的公園 b 理想的公園 c 便化的公園 　　B　建築的公園 　第三節　天然公園　附　森林修飾 　第四節　名勝舊跡天然紀念物保存並ニ遊園地ノ設計 　第五節　社寺風致林　附　墓地 　第六節　学校病院、停車所其他公共的建築ノ修飾 　第七節　都市ノ修飾　附　田園都市、公園都市 第七章　施工 第八章　管理

54. 東京帝国大学農科大学における「園藝学」「景園学」の講義ノート目次（西村公宏氏作成、1997）

造園教育の黎明

我が国における造園教育は、近代から始まった。それがいつから始まったのかという点については、詳細は解明されていない。ただし、東京帝国大学農科大学（現在の東京大学農学部）を明治28年（1895）に卒業した廣瀬次郎の講義ノート「園藝学」（教授・玉利喜造、講師・福羽逸人、東京大学農学部所蔵）には、「園藝学」の一分科として、「造庭　Landscape gardening」が挙げられている。したがって、明治中後期には、園芸の枠組みのなかで、造園の部分的教育が開始されたことが分かる。

また、明治42年（1909）に開校した千葉県立園芸専門学校（後に、千葉県立高等園芸学校→千葉高等園芸学校に改称。現在の千葉大学園芸学部）では、創立当初から、鏡保之助と本郷高徳により、「庭園論」が開講された。また、湯浅四郎と林修巳により、「庭園実習」も行われていた。千葉大学園芸学部に現存する洋風の沈床庭園は、本実習でつくられた庭園である。

東京帝国大学では、大正5年（1916）頃より公開講座として「景園学」（総論：本多静六、東洋景園史：本郷高徳、西洋景園史：田村剛）が開講され、大正8年（1919）頃からは、農科大学において「造園学」（造園総論・公園論：本多静六、庭園論：原熙）が開講された。

ここに初めて「造園」の文字が登場したが、これはアーキテクチュアという概念が日本では「造家」（後に「建築」と改訳）と翻訳されたこととあわせて、ランドスケープアーキテクチュアは大正期に「造園」と翻訳されたことによる。

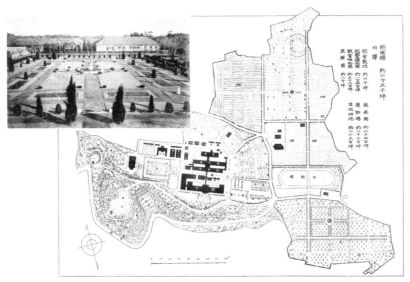

55. 千葉県立園芸専門学校の「庭園実習」で作庭された沈床庭園と敷地平面図

明治神宮の造成に関わった技術者：左から 56. 原熙、57. 上原敬二、58. 田村 剛、59. 折下吉延

　東京帝国大学で景園学や造園学が開講された大正中期は、明治天皇を祀る明治神宮の造営と同時期である。林学（特に造林）、農学（特に園芸）の各種専門家が結集して行った神宮境内林の造成や内外苑の計画的整備は、林学・農学を応用した「造園学」誕生の背景として、重要な意味を持つのである。

明治神宮内外苑の造成と造園学

「永遠の杜」に関わった面々　明治45年（1912）7月30日、明治天皇が崩御。貴族院は、明治天皇のご遺徳をしのび顕彰しようとする世相をふまえ、大正2年（1913）、明治神宮奉祀を決議した。

大正4年（1915）には「明治神宮造営局」が設置され、参与に近藤虎五郎（土木）、伊東忠太・塚本靖・佐野利器（建築）、本多静六・川瀬善太郎（林学）、原熙（農学）らが就任した。造営局の内部組織は、総務、工営、林苑、経理の4課であり、林苑課に、近代造園の一翼を担う東京帝国大学出身の林学・農学のエキスパートが結集した。

　東大林学系には、先述の本多静六、川瀬善太郎のほか、本郷高徳、上原敬二、田村剛らがおり、東大農学系には、原熙のほか、折下吉延（すでに橿原神宮の林苑整備で大規模造園事業を経験）、大屋霊城、狩野力、中島卯三郎、森一雄、太田謙吉らがいた。

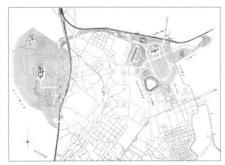
60. 明治神宮内外苑の位置関係

62. 明治神宮外苑のイチョウ並木ビスタ

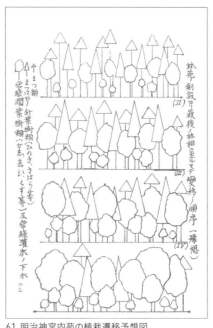
61. 明治神宮内苑の植栽遷移予想図

近代風致造園の模範として

明治神宮内苑は大正6年（1917）に着工し、同9年（1920）完成したものだが、内苑の敷地として選定された代々木の南豊島御料地は、農地や竹藪が混在するような土地であった。時の内閣総理大臣・大隈重信は、伊勢神宮、日光東照宮などのように森厳な「杉林」を主張した。しかし、本多静六、本郷高徳、上原敬二、田村剛らは、今後想定される都市化の進展と、樹林管理の観点から、明治神宮内苑に杉林を造成することは困難であることを主張した。彼らは植生遷移の考え方を林苑整備に応用するという植物生態学的発想から、カシやクスなどの常緑広葉樹（照葉樹）、すなわち関東地方における潜在自然植生の考え方を基本として天然更新による森林の安定化を図り、造成時、50年後、100年後、150年後という4段階の経年変化による林苑整備の概念を提示した。大隈重信もこの方針を受け入れ、ここに「永遠の杜」の誕生をみたのである。

原熙ら農学系は、参道の設定など、境内全体の計画設計にあたった。当初参道は、南、北、西の三参道を設けることが決定していたが、特に、南参道の動線設定に議論が集中した。当初は、南参道は菖蒲田に沿って清正井の前に出て、御垣内に到着させる計画で、清正井を自然の手水とするものであったが、これに原熙と折下吉延が猛反対した。自然湧水の保全を図る意図から、南参道のみが屈曲して設定されたのは、このためである。

また、宝物殿一帯は、神聖な本殿およびその周辺とは対照的に、観賞的な風致景観を創出することとし、起伏のある広芝、緩やかにカーブする園路、点々と配置された風致植栽など、イギリス風景式造園の構成を基調とした空間整備が図られ、近代風致造園の模範として、ひとつの到達点を示した。

「造園」という領域の形成と日本造園学会の設立

明治神宮外苑は、大正3年（1914）に青山練兵場を明治神宮外苑とすることが内務省により決定

63. 東京高等造園学校の生徒募集案内（『造園学雑誌』大正14年）

64. 東京高等造園学校で設計施工した全国副業展覧会会場（東京・上野）の絵葉書（大正14年）

65. 東京高等造園学校目黒校舎にて：左から龍居松之助、上原敬二、井下清

された。計画設計を主導した折下吉延は、青山通りからまっすぐに延びるイチョウ並木を楕円形の周回道路に接続させ、その先に聖徳絵画館を配置するという、ビスタラインとシンメトリーを強調したヨーロッパにおけるバロック的手法により、空間全体をまとめ上げた。これは公園計画と都市造形とが結びついた本格的な西洋式の造園計画手法により、つくられたものといえよう。

　国家的事業によって造成された明治神宮内外苑は、設計施工という一連の事業を通じて、林学あるいは園芸のそれぞれの技術を応用的に体系化し、まさに「造園」という領域の形成に至った。

　この明治神宮の造営において、強く「造園学」を意識した人物こそが、上原敬二であった。明治神宮外苑が完成したのが大正14年（1925）であるが、この年は、上原敬二を発起人として「日本造園学会」が設立された年である。ただし、上原の重要な功績としては、やはり東京高等造園学校（現・東京農業大学造園科学科）について述べなければならない。

東京高等造園学校の創立

　大正13年（1924）4月、東京高等造園学校は上原敬二の提唱によって、東京・渋谷の東京農業大学の一教室に産声を上げた。この当時は、明治神宮内外苑の造営が完成間近であり、さらに前年の大正12年（1923）には、関東大震災の勃発によって、震災復興による公園緑地の重要性が叫ばれ、造園の専門家育成の必要性が急務となっていた。林学から森林美学に開眼した上原敬二は、明治神宮の造営時に会得した造園技術の体系化の重要性、また関東大震災直後の東京市復興における造園家としての使命感から、大正12年（1923）の秋ごろから造園の専門教育機関設立に奔走していたのである。

　東京帝国大学農科大学、千葉高等園芸学校における造園学の発祥については、主として農学、林学、園芸学の応用学として発展・成長していった。しかし東京高等造園学校は、造園に関する総合的な知識を教授する学府として、完璧に近い組

66. 二代目校長・龍居松之助

67. 角田鶴（製図）の授業風景

68. 木村幸一郎（日照学）の授業風景

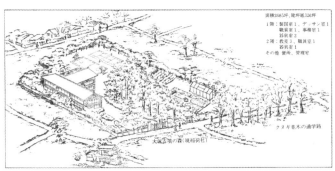
69. 昭和11年に移転した東京高等造園学校雪が谷校舎の鳥瞰図（高村弘平原図）

織構成と内容を持っていた。

設立時の理事は、岩崎潔治、井下清、上原敬二、龍居松之助、筒井春香の5名、顧問に白沢保美、本多静六、横井時敬の3名、講師は理事を含めて22名、第1期生は50名でスタートした。初代校長は、上原敬二である。

昭和初年ころの主な授業科目をみると、造園学汎論（上原敬二）、国立公園（上原敬二）、樹木学（上原敬二）、都市計画（石河英太郎）、都市公園（井下清）、児童遊園（末田ます）、設計（相川要一）、工事仕様書（市川政司）、日本庭園（龍居松之助）、日本庭園史（龍居松之助）、西洋庭園（戸野琢磨）、西洋庭園史（田村剛）、中国庭園（後藤朝太郎）、茶室・茶庭（保岡勝也）、石材（平山勝蔵）、盆景（小山正一）などがあり、このほかに実習時間が多く持たれていたのが特徴であった。

大正15年（1926）には、新校舎を東京目黒の大塚山に建設して移転し（後に大田区雪ヶ谷に移る）、昭和17年（1942）に東京農業大学に併合されて専門部造園科となり、緑地土木科、緑地科等をへて、昭和31年（1956）に東京農業大学農学部造園学科へ、平成10年（1998）に同大学地域環境科学部造園科学科となって現在に至っている。

高等造園が輩出した主な造園家には、庭園作家として国内のみならず国際的にも活躍した中島健、荒木芳邦、井上卓之、京都市の公園緑地計画の中枢をになった加藤五郎、遊園地計画など商業造園に手腕を発揮した高村弘平など、枚挙にいとまがない。東京高等造園学校の創立は、まさに近代造園学・造園教育の誕生と言えるのである。

第2章

近代都市の形成：
緑地の多様化と国立公園誕生

市民の憩いの場として、現在、私たちが当たり前のように利用している公園は近代造園の歩みと密接に関係している。また、景勝地として知られる場所もこの頃、国立公園として指定された。その経緯を紐解き、近代造園との関係を俯瞰することで「公園」を考察する。

6 東京の都市計画と近代造園

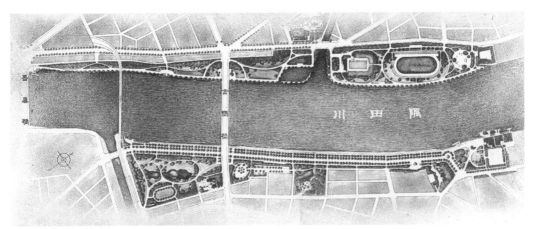

1. 隅田公園平面図

都市計画法（旧法）の制定と東京公園計画書

　近代東京における都市計画制度の嚆矢は、明治21年（1888）の東京市区改正条例である。本制度は大正7年（1918）には東京以外の5大都市（大阪、名古屋、神戸、横浜、京都）に準用された。しかし、明治の制定以来30年を経過した本制度は、近代都市の都市計画法制としては完備してはいなかった。また、都市問題も複雑化したため、政府は総合的な都市計画制度の検討に着手した。大正7年（1918）5月には、内務省に都市計画調査会が置かれ、都市計画に関する6ヵ条の調査項目を定めた。すなわち、①計画区域を予定すること、②交通組織を整備すること、③建築に関する制限を設けること、④公共的施設を完備すること、⑤路上工作物および地下埋設物の整理方針を定めること、⑥都市計画に関する法制および財源を調査すること、である。これらのうち、公園、広場、墓地等は第4の項目で扱われることとなった（『日本公園百年史』1978年）。

　内務省はこの調査項目にもとづいて都市計画課を中心に研究調査を行い、都市計画法案をまとめた。法案は貴衆両院を通過し、「都市計画法」として大正8年（1919）に制定されたのである。本法律の第16条には「公園」が都市計画の施設として明記され、日本の公園史上、初めて法的根拠を持つこととなった。なお、昭和43年（1968）の新たな都市計画法の制定にともない、大正8年の本法は廃止されたので、造園学、都市計画学では、大正の都市計画法を旧法として扱っている。

　都市計画法（旧法）について、公園・緑地制度から評価される点は、『日本の都市公園—その整備の歴史』（2005年）によれば以下の4点である。

① 地域地区制が初めて導入され、用途地域等とともに地域制緑地である風致地区制度が導入されたこと。

② 公園計画および同事業が制度化されたこ

2. 錦糸公園平面図

3. 錦糸公園の竣工時の様子

と(「公園」が都市計画施設として明文化)。
③ 都市計画決定された公園計画区域内において、建築制限を課すことが定められたこと。
④ 土地区画整理の制度が耕地整理法の準用という形で導入されたこと。

都市計画地方委員会の設置と「東京公園計画書」

都市計画法の施行にともない、この運用を実施する都市計画地方委員会が大阪、名古屋、神戸などの大都市のある府県に設置されていった。各地域の公園計画の実際は、この都市計画地方委員会が所掌することとなった。都市計画東京地方委員会は、都市計画法にもとづき、大正12年(1923)8月、「東京公園計画書」をまとめた。関東大震災が発生する1ヵ月前のことであった。

これは、東京駅を中心として24km以内の公園系統配置圏と設定したもので、児童公園・近隣公園・運動公園・都市公園・自然公園・道路公園の6種別を規定し、放射・環状道路および交通機関により、必要とする公園を道路公園で連絡し、個々の公園のネットワーク化による一群の公園とする画期的なものであった。特に、公園種別人口一人あたり面積の割り出しは、日本における最初のものとされている(『日本公園百年史』1978年)。

なお、都市計画東京地方委員会は国(内務省)の組織であったが、東京市においても、大正10年(1921)に用地課公園係から、職制が改正されて公園課として独立した。これは日本の公園行政組織として初のことである。初代課長は事務方の江馬健が就任し、2代目課長に、日本を代表する近代造園家・井下清が就任した(前島康彦『東京公園史話』東京都公園協会、1989年)。

関東大震災と帝都復興計画
―震災復興公園の誕生

大正12年(1923)9月1日、神奈川県相模湾北西沖80km(北緯35.1度、東経139.5度)を震源として、マグニチュード7.9を記録する大規模地震が発生した。死者・行方不明者約10〜14万人、負傷者約10万3000人、避難人数190万以上、住

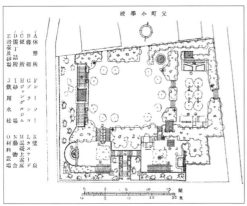

4. 唯一原形を留める元町公園の平面図

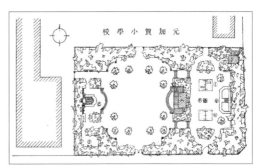

5. 震災復興小公園の一例（元加賀公園）

6. 井下清

家全壊12万8000戸、住家半壊12万6000戸、住家焼失44万7000戸という、甚大な損害を東京・横浜は被った。関東大震災である。

震災の翌日、第二次山本内閣が発足、東京市長であった後藤新平を内務大臣に据えた。程なくして遷都論（百年震災説、国防上不適、国土に東偏、地盤軟弱）と非遷都論（百年災不確定、国防も偏位置も五十歩百歩、耐震耐火で対応）とが世論を湧かすも、後藤新平はただちに、「大東京を再建すべき」と明言した（『近代日本都市計画年表』1991年）。内務省は省内に復興局を設置し、帝都復興計画は都市計画家の池田宏と建築家の佐野利器が中心に作成を進めた。

北海道大学名誉教授・越澤明氏は、研究著書『復興計画』（2005年）、『東京都市計画物語』（2001年）から、帝都復興計画事業の要点を以下の4点にまとめておられる。

① 区画整理の断行：街路・公園・住宅地・運河。
② 都市の「不燃化」の実践：コンクリート造による建築物の建設。
③ 防災拠点としての空地：公園の計画的設置。
④ 防災と地域コミュニティ：小学校と公園との併設。

上記の③、④が、いわゆる「震災復興公園」を導いた考え方である。震災復興公園は、東京では、国が主導で設置をした3公園：隅田公園・錦糸公園・浜町公園、東京市が設置した52小公園がそれぞれ誕生した。

隅田公園・錦糸公園・浜町公園の3公園は、明治神宮内外苑の造成で活躍した折下吉延（当時内務省復興局公園課長）の計画・設計によるもので、レクリエーションセンター（錦糸公園）、臨水公園（隅田公園）、ブールバールシステム（浜町公園）など、折下の導入した最新理論により空間整備が図られた。

モダンデザインを取り入れた震災復興公園

52小公園は井下清率いる東京市公園課の計画・設計によるものである。震災復興公園を研究した進士五十八氏によれば、ヨーロッパのアールデコや表現主義の造形要素を随所に取り入れ、当時の最

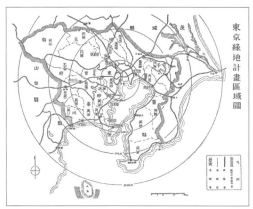
7.東京緑地計画区域図

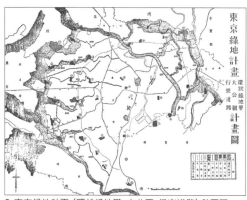
8.東京緑地計画(環状緑地帯・大公園・行楽道路)計画図

先端のモダンデザインを採用したものであったようだ(進士五十八・吉田恵子「震災復興公園の生活史的研究」『造園雑誌第52巻第3号』1989年)。52小公園の開園第1号は中央区の月島第二公園(1926年8月)で、開園第52号は台東区の金竜公園(1931年9月)である。進士五十八氏いわく、52公園の設計・施工・開園までをわずか6年間程度で行うのは、現在では信じられないペースであり、井下清を始め、当時の造園スタッフであった相川要一、市川政司らの造園家としての秀でた能力も注目されるところである。

これらが不燃化を企図した鉄筋コンクリート造の小学校とセットで配置されたことも、コミュニティの創出と災害時の防災拠点を射程した点で極めて重要である。なお、都内において震災復興52小公園は戦後復興期等に大きく改造され、唯一当時の形をとどめるものは文京区立元町公園のみである。

横浜の山下公園(1930年開園)、野毛山公園(1926年開園)、神奈川公園(1930年開園)も、震災復興公園として設置されたものである(内務省復興局設置)。なお、佐藤昌は、震災復興公園事業で特筆すべきこととして、以下の5点を挙げている(佐藤昌『日本公園緑地発達史』1977年)。

① 河岸公園として隅田公園、海浜公園として山下公園を造ったこと。
② 浜町公園・錦糸公園及び神奈川公園を近隣公園のモデルとして造ったこと。
③ 小公園(児童公園)を多数新設し、適当な距離に配分したこと、またこれに備えた遊戯器具を改良して設計に留意し、近代的児童公園を設けたこと。
④ 国が初めて民有地を買収して公園を造成したこと。
⑤ 区画整理によって初めて小公園用地を生み出したこと。

東京緑地計画と防空緑地

東京緑地計画 北海道大学名誉教授・越澤明氏は、1920年代の欧米における「地方計画論」(各市町村の行政区域にこだわらない統一的都市計

9. 篠崎緑地計画図

10. 砧緑地計画図

画)の検討、特に、アムステルダムにおける「国際都市会議」(1924)が、昭和前期における我が国の広域緑地計画の誕生の引き金になったことを指摘しておられる(越澤明『東京の都市計画』1991年、越澤明『東京都市計画物語』2001年)。この会議では、無秩序な都市の拡大を防止するため、市街地の外周にグリーンベルトを設ける必要性がある、ということが議論された。この会議で議決されたアムステルダム宣言(地方計画に関する7ヵ条)の第3条には、大都市は農業、園芸、牧畜等の用途に定められた「緑地帯」(グリーンベルト)によって永久に囲繞されることが望ましい、というグリーンベルトの考え方が盛り込まれたのである。

なお、この時期には造園・都市計画の分野で「緑地」という言葉が現れた。佐藤昌による詳細な検討によれば、近代の都市計画行政を牽引した飯沼一省や、内務省都市計画課技師であった北村徳太郎(後に東京大学教授)が、Open space の訳語としてその概念を明確にした、ということが明らかにされている(佐藤昌『日本公園緑地発達史』1977年)。

グリーンベルトの考え方は我が国でも昭和初期に至って検討されるようになり、内務省、都市計画東京地方委員会、東京府、東京市、隣県三県(神奈川・埼玉・千葉)、警視庁等によって構成された東京緑地計画協議会が昭和7年(1932)、内務省に設置された。協議会の検討によって提示された「東京緑地計画」は、その計画区域が東京50km圏、96万2059haと広大で、緑地の計画対象も、大公園、環状緑地帯、自然公園、行楽道路、景園地など、極めて広範囲な緑地を射程するものであった。環状緑地帯が市街地の拡散を防止するように囲み、大公園と行楽道路が連絡する点は、まさに欧米のグリーンベルトを実践しようとするもので、造園史上極めて意義深い。

昭和14年(1939)に決定された「東京緑地計画」では、環状緑地帯が東京市の外周に設定され、石神井川や善福寺川などの河川沿いに緑地が市街地に入るように設定されている。しかし、この計

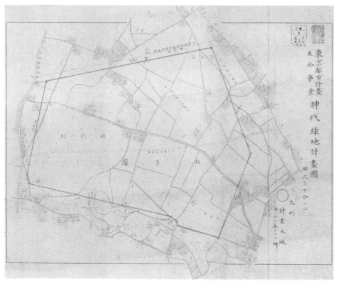
11. 神代緑地計画図

画はあくまでも東京緑地計画協議会による決定であり、都市計画法上の実行力は担保されてはいなかった。同年に行われた最終協議会でも、この計画を決定するためには「地方計画法、公園法、分区園法、葬地法ヲ立法スル要アリ」としている。この頃我が国は戦時下にあり、公園緑地の計画や整備は、不急の事業として顧みられなかったのである（『日本公園百年史』1978年）。

防空法と防空緑地　昭和10年代の戦時体制下では、都市をいかにして空襲から守るか、ということが現実の問題となり、昭和12年（1937）に防空法が公布され、その中で防空（防火、避難地、体位向上、生産拡充）としての機能を持つ緑地の重要性が高まっていった。そのような状況で、紀元2600年にあたる昭和15年（1940）、東京府は東京緑地計画の環状緑地帯や大公園に設定されていた砧緑地、神代緑地、小金井緑地、舎人緑地、水元緑地、篠崎緑地といった6大緑地の造成を、防空用に供することを企図しつつ、紀元2600年記念事業として事業化することを決定した。

さらに防空法は昭和16年（1941）に改正され、都市を防護する防空空地制が法的に新設された。空地とはオープンスペースであり、緑地、公園、広場、道路等の建物のない土地のことである。空地は、①防空空地と②空地帯からなり、東京では防空空地275ヵ所103万8800坪、空地帯2853万2000坪のおよそ3000万坪近い空地が指定され、東京緑地計画の環状緑地帯を踏襲した形となった（佐藤昌『日本公園緑地発達史』1977年）。

昭和20年までに20ヵ所以上の緑地について、用地買収と整備がなされ、まさに広域緑地計画の実現が図られようとした。しかし、終戦後の農地解放で防空法による緑地は農地として解放されることとなり、買収した緑地面積の実に6割が民有地となった。

7　京阪神の都市計画と近代造園

12.椹原兵市

13.御堂筋のイチョウ並木

関一の大大阪構想と
近代造園家・椹原兵市

煙る大阪を緑の街に　大阪は、明治30年（1897）に第一次市域拡張事業を実施し、旧来の区域15.2km²から58.4km²に大きく拡大した。さらに上下水道、築港、道路など、大規模な社会資本整備事業を急ピッチで進めるなど、近代的な都市形成を加速させていった。このなかで公害・交通・住宅などさまざまな都市問題が露呈し、解決が大正期に至って急務とされた。この問題の解決に際し、行政的手腕を発揮した人物がいた。第7代大阪市長・関一である。関は大阪に来るまでは東京高等商業学校（現・一橋大学）教授を務め、社会政策・交通政策の権威であった。いわゆる「学者市長」と称されたゆえんである。

関が助役に就任し、ついで市長となった大正12年～昭和10年（1923－1935）は、各種都市問題を解決するため、関は基本となる都市構想を掲げた。それは大阪都心部を業務地域、郊外は住宅地に位置づけ、都心の業務地域と郊外住宅地とを高速鉄道（地下鉄）で連絡することで、人口と工場の分散を図り、緑地の保存によって、「住み心地良き都市」を創出しようとするものであった。

関は「煙る大阪緑の街に」をスローガンに掲げ、大正13年（1924）大阪市に公園課を創設。初代

14. 天王寺公園平面図

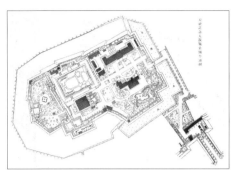
15. 大阪城公園平面図

16. 服部霊園

課長は井下清と並ぶ関西における近代造園家の雄・椎原兵市が就任した。関はこの大阪改造計画の実施にあたり、広幅員のイチョウ並木を特徴とする御堂筋や100万坪公園計画を含む「総合大阪都市計画」を昭和3年（1928）に決定した。

近代大阪の景観をかたちづくる都市公園の整備

椎原が手掛けた近代大阪の公園緑地としては、まず御堂筋が挙げられる。御堂筋では車道を二条の植栽帯によって分離、中央を高速車道、両脇を緩速車道とし、プラタナス並木（梅田〜大江橋間）、イチョウ並木（大阪市役所以南）を整備した。この近代街路は南北幹線道路として交通輸送の円滑化に貢献し、整然とした都市景観も創出し、モダン大阪の都市美のシンボルとなった。

御堂筋のために大正12年（1923）から苗圃で樹木を育成しつつ、昭和5年（1930）頃より植栽に着手、樹木は900本におよび、完成は昭和12年（1937）であった。

初代公園課長としての椎原の業績は、大正10〜12年（1921-1923）にわたる我が国最初の河川敷利用公園である桜之宮公園の整備、大正10年（1921）の大阪都市計画歩道街路樹植栽規定の作成を矢継ぎ早に打ち出し、関の「総合大阪都市計画」に造園家として参画、大阪城公園、長居公園など30ヵ所におよぶ大公園、瑞光寺ほか12小公園、服部霊園など近畿地方初の公園墓地2ヵ所の計画を実施したほか、大阪都市美計画の一環として桜橋、日本橋、本町などの街園整備を実現したことが挙げられる。特に昭和8年〜14年（1933-1939）においては、近代大阪の顔でもある天王寺公園・動物園の大拡張工事を行った。

このように、椎原兵市は大阪市在職中に関西における都市公園関係事業の先覚者として多くの功績を残すとともに、住宅・別荘など民間造園でも手腕を発揮した。

17. 大屋霊城

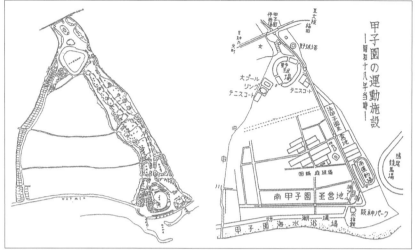

18. 甲子園花苑都市構想の計画案（左）と実施案（右）

大屋霊城の花苑都市構想

E.ハワードとの出会い　椎原兵市は大阪市の公園課長としてさまざまな公園緑地計画等の実務を担ったが、大阪府の造園技師として活躍した人物がいた。大屋霊城である。

大屋は大正4年（1915）、東京帝国大学農科大学を卒業後、ただちに明治神宮の造営に携わり、大正6年（1917）より大阪府立農学校で教鞭をとった。もともと日本庭園を専門としていた大屋だが、大正7年（1918）に大阪府営住吉公園の改良工事に関与した。これが、大屋と公園緑地との関わりの最初である。大正8年（1919）に大阪府技師、翌年には大阪府都市計画地方委員会技師に任命され、大正末期から昭和初期にかけて、箕面公園の拡張計画、浜寺公園の改良計画、住之江公園の新規計画、その他、長崎温泉公園、六甲植物園、釜山公園などの公園建設を主導し、造園家としての地歩を築いていった。なかでも「住之江公園」は大屋が心血を注ぎ、近代的な総合公園として完成させた。

そんな大屋に転機が訪れた。大正10年（1921）から1年間、大屋は、欧米の公園緑地事情を視察するため、洋行を行ったことである。イギリスで、田園都市論を提唱したE.ハワードに会い、その理論と実践に直接触れたのである。帰国後の大屋は、田園都市の考え方を大屋なりに再解釈・再定位し、いかに利便性が高くとも人や建物が密集した都市生活「過群生活」を否定し、適度な自然を有する「花園生活」が都市を凌ぐ理想的なものとして推奨するに至った（論文「進め過群より花園へ」）。この考え方をさらに推し進めた大屋は、都会の利便性と農村の快適さの両方を兼ね備えた都市の在り方として、「花苑都市」を打ち出すのである。

ふたつの花苑都市構想　大屋はこのコンセプトを軸として、ふたつの花苑都市の計画を行っている。ひとつは阪神電鉄から相談を受けた大正14年（1925）の「甲子園花苑都市構想」である。ここでは駅の北側と南側の西半分を住居地域とし、海辺は海水浴場、動物園と遊技場による娯楽施設を「大遊覧道路」で結ぶものである。住宅地も「田園都市的庭園本位の町」として、敷地を100坪以

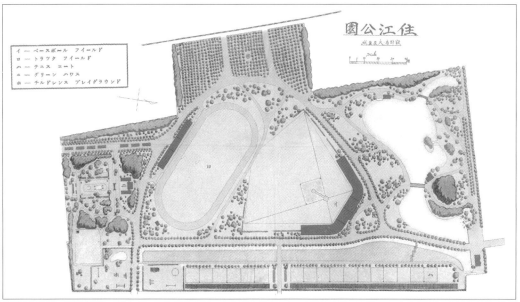
19.住之江公園平面図

下にせず、1エーカー（約4050㎡）あたり12戸以内に密度を抑える方針を持つものであった。また、各戸の庭園花壇の指導や種苗の供給を目的に園芸場を設けるというユニークな提案も取り入れられた（園芸場は実現せず）。

もうひとつは大鉄（現・近鉄）の依頼に応じた「藤井寺花苑都市構想」である。これはサラリーマンといった中流階級向けの住宅地で、都市に居住する児童・生徒の自然観察にも供するために、野球場に隣接して教材園を設けるという点に特色があった。

加藤五郎の京都市児童公園計画

京都出身で東京高等造園学校の第3期生、加藤五郎は、昭和3年（1928）に京都市役所に入った。配属先は都市計画課であったが、造園職は加藤ただ一人であった。京都では、歴史的な庭園の保有は全国でも随一であったが、こと、公園については太政官布達第16号による円山公園、天橋立公園、嵐山公園や受益者負担金制度で整備した船岡山公園など顕著な例を除き、特段の取り組みがなかったようである。ただし昭和6年（1931）、京都市は周辺の1市26ヵ町村を合併、人口も97万人を超え、大都市に変貌した。加藤はこのような状況を受け、「子ども」を前面に押し出すことで予算化を企図し、都市計画事業において「児童公園」をキーワードに掲げ、予算獲得のうえ市内各所への児童公園の設置に成功した。戦前期でも50公園以上が、実現を見たのである（都市計画決定としての児童公園はわが国最初）。

昭和初期の児童公園には、二条児童公園、高原児童公園、六条児童公園などが現存し、東京の審査復興52小公園と同様、ヴィスタとアイストップによる空間構成を基調とした、日本近代のモダンデザインを現在に伝えている。

8 戦後の造園・ランドスケープの展開

20.荻窪団地

21.団地造園におけるプレイロット（金町駅前団地）

都市公園法の制定による
公園生産システムの設定

　朝鮮戦争による特需景気のなか、国土開発を推進した建設省は、国土総合開発法（昭和25年、1950）、道路法（昭和27年、1952）、地方鉄道軌道整備法（昭和28年、1953）など、次々と法令を施行した。「都市公園法」も建設省法案ラッシュの渦中で誕生した法令である。

　本法誕生の経緯は、公園用地が開発用地に転用される傾向を懸念した佐藤昌が横山光雄・長松太郎・福富久夫らと「公園施設基準研究会」（1950）を結成したことに遡る。研究会成果の一端は「公園計画基準に関する研究」に結実、この成果をふまえて建設省技官・事務官を中心に法案が作成された。昭和31年（1956）、第24回国会に「都市公園法案」を上程、法律第79号として施行された。都市公園法の画期的発明は、空間計画量と構成施設を規定した点である。つまり人口1人あたり6㎡の計画量とし、施設を9種（園路・広場、修景、休養、遊戯、運動、教養、便益、管理、その他）に分類し、これを法の実行力で保証した。この枠組は「都市公園等整備五箇年計画」（昭和47年、1972）のさらなる規格化で公園標準化を招いたが、本法が「造園家」という職能形成に大きく寄与したことは見逃せない。つまり公園法は定量的な設置基準を明文化して「公園生産システム」をつくり、公園建設事業費増大を促進した。本法で公園の全国生産が促進された結果、官民問わず造園の専門職能が必要となっていったのである。

団地造園と子どもの遊び場

　太平洋戦争の終結後、朝鮮特需で戦後復興のへの道を拓いたわが国では、高度経済成長下における人口の都市集中が加速的に進み、東京、大阪

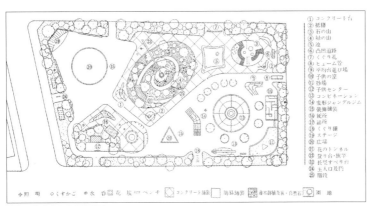

22. 入谷町南公園平面図

23. 池原謙一郎

24. 入谷町南公園の「石の山」

等の都市域では、深刻な住宅不足が顕在化した。そのような問題を受け、昭和30年（1955）に設立されたのが日本住宅公団であった。翌昭和31年（1956）より、金岡団地（大阪）、光ヶ丘団地（千葉）、稲毛団地（千葉）等の入居募集が始まり、公団は年間に1〜3万戸の集合住宅団地を供給してゆくこととなる。住宅公団が採用した居室では、「DK」（ダイニング・キッチン）、ステンレスの流し台や洋式トイレなどを導入し、新しい生活様式の普及も促進した。

　その団地の屋外空間として誕生したのが団地造園である。4ないし5階建ての南面平行配置の住棟群とタワー型の給水塔が印象的な4時間日照確保の産物でもあった機能的な空間構成は、団地の典型的な風景といえる。それら住棟間のオープンスペースが「団地造園」であり、居住者が安全に通行できる歩行者専用道すなわち「ペデストリアン・スペース」が線状の緑地を形成し、要所々々に子どもの遊び場として「プレイロット」が配置された。特に子どもの遊び場は、住宅公団や建設省の造園技師などによって多面的に研究されることとなり、昭和32年（1957）には「遊び場の研究会」が池原謙一郎（当時建設省）、北村信正（東京都）の肝入りで発足。建築家の小川信子、造園家の川本昭雄、田畑貞寿、などの造園家が多数参加した。この研究会は毎月討論会を設けて遊び場に関する議論を交わし、その成果として、池原謙一郎により、入谷町南公園（東京都台東区）を設計した。本公園では、高さ4mの「緑の山」、お椀を伏せたような「石の山」、すり鉢状の「子供センター」など、斬新な空間造形を施したものであった。

25. 駒沢オリンピック公園鳥瞰写真

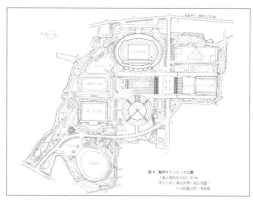
26. 駒沢オリンピック公園平面図

東京オリンピックの会場建設事業と造園施工業界

　第18回オリンピック大会の東京招致決定（1959）は、造園施工業界に大きな影響を及ぼした。昭和39年（1964）開催に向けて、明治公園、駒沢公園の施設整備、首都圏主要道路の拡幅・街路整備など、大規模造園事業が発生したからである。

　急ピッチで工事を遂行するため、手仕事から機械化に工事形態が激変してゆく。クレーン、ドーザ、バックホーが導入され、"伝統的庭園築造技術"から"合理的造園建設技術"へ方向転換し、これまで不可能だった大木の移植工事を駒沢公園で実現した。施工直後即完成形とする「密植」という概念も生んだ。

　また、当初、公共造園の施設工事は土木業者への発注だったが、オリンピック関連工事が大量事業化するや造園業者への一式発注となり、舗装・遊具・橋などの施設工事も造園業者の範疇となる。オリンピックがなければ、"公園の工事はまだまだ土木屋さんの範疇にあって、我々は植木屋でいたかもしれません"という前田宗正（昭和造園の創設者）の談話がそれを物語る。

　オリンピックという国家イベントは、庭師たる職人を急速に施工技術者に仕立てた。現場で指揮を取るのは、もはや親方ではなく現場監督（現場代理人）なのである。彼らはオリンピック翌年に日本造園緑地組合連合会（現・一般社団法人日本造園建設業協会）を組織し、「造園建設業」という新たな職能を獲得して戦後近代化の渦中に一定の位置を見いだすのであった。

造園設計事務所連合の誕生

　昭和32年（1957）、東京と神戸で「造園にたずさわる若い人々の懇談会」が開催された。建設省・厚生省・日本住宅公団・都道府県等の官公庁技術者、東大・京大・北大等の研究者、民間技術者により、それぞれの仕事・考え方の面での相互理解の促進など、発展的議論がもたれた。この議論をふまえて発足したのが「造園懇話会」（1958年発足）であり、そこで多数挙げられた意見は「造園家の組織をどうするか」であった。そんななか、昭和36年（1961）に第9回IFLA世界大会の日本開催が決定、昭和39年（1964）の開催にむけて日本側は佐藤昌を代表とする事務局を開設した（IFLAとはInternational Federation of Landscape Architectsの略で、国際造園家連盟を指す）。

27. 近代造園研究所設計の美竹公園

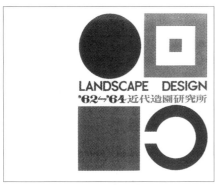

28. 近代造園研究所作品集（1964）

29. 庭のデザイナー6人展（1958）の参加メンバー。
右から田畑貞寿、石川岩雄、清水友雄、伊藤邦衛、
池原謙一郎（中島 健は不在）

　懇話会の民間技術者有志は、池原謙一郎（環境計画研究室）・伊藤邦衛（伊藤造園設計事務所）・林茂也（近代造園研究所）を事務局として、「造園設計事務所連合」を結成すべくイフラ東京大会に15名が結集した。メンバーは上記3名ほか、荒木芳邦（荒木造園設計事務所）・飯田十基（飯田造園設計事務所）・井上卓之（井上造園設計事務所）・小形研三（京央造園設計事務所）・小林治人（東京ランドスケープ研究所）・島田昭治（日本エクステリア）・関田次夫（北海道開発コンサルタント）・田辺員人（スペースコンサルタンツ）・中島健（綜合庭園研究室）・中村善一（都市造園研究所）・西川友孝・吉村巌（吉村造園設計事務所）であった（括弧内の表記は、当時の事務所名を示す）。造園設計家の組織誕生の瞬間であった。なお、本連合は昭和42年（1967）に「日本造園設計事務所連合」として正式発足した。

　日本造園設計事務所連合は、昭和60年（1985）に日本造園コンサルタント協会、平成11年（1999）に一般社団法人ランドスケープコンサルタンツ協会と名称を改称した。現在に至るまで、造園デザイナー、プランナーの組織体として造園界で重要な役割を担っている。

9　自然・風景保護と風景地計画の黎明

30. 志賀重昂

31.『日本風景論』

32. 小島烏水

風景美の価値観の転換と
日本新八景（日本八景）

　我が国では、明治20年代以降、志賀重昂の『日本風景論』(1894)、小島烏水の『日本山水論』(1905)が刊行された。これらは、主として西洋の近代登山の観点から日本の山岳や渓谷の美しさを紹介したものである。また、お雇い外国人や居留外国人によって日本の自然美が賞賛されるに至り、これまで、山や自然は主に信仰の対象として見られるものであったが、我が国の近代登山の幕開けとともに、当時の日本国民の風景美の価値観が大きく転換することとなった。そして、尾瀬、上高地、十和田湖など、今まで国民に知られていなかった風景地が次々と紹介され、鉄道網の発達や登山の流行もあって、明治後期から大正期にかけて自然風景の社会的関心が高まった。

　そのような状況で、昭和2年(1927)、東京日々新聞社と大阪毎日新聞社が、「昭和の新時代を代表すべき、新日本の勝景」を「日本新八景」（「日本八景」ともいう）として選定する事業を行った。これは鉄道省も多大に協力したもので、国民によ

る葉書投票と専門家による審査で選定するものであった。全国からは総投票数9320万票が寄せられた。八景の選定にあたっては、山岳、渓谷、瀑布、温泉、湖沼、河川、海岸、平原の8つの部門で「各第一勝を募る」という方法を採った。

　葉書での人気投票と専門家の審査を経て、海岸：室戸岬（高知）、湖沼：十和田湖（青森・秋田）、山岳：温泉岳（長崎）（富士山ははじめから別格として除外）、河川：木曽川（愛知）、渓谷：上高地渓谷（長野）、瀑布：華厳滝（栃木）、温泉：別府温泉（大分）、平原：狩勝峠（北海道）がそれぞれ選ばれた。なお、惜しくも八景にならなかった優れた景勝地は、「日本二十五勝」に選定された。審査員は画家（山本春挙、河合玉堂、横山大観、竹内栖鳳、槌田麦僊 他）、文筆家（泉鏡花、川東碧梧桐、高浜虚子、田山花袋、北原白秋、谷崎潤一郎、幸田露伴 他）、学者（本多静六、鳥居竜蔵、黒板勝美、田村剛 他）、実業家、登山家（小島烏水 他）、写真家、官庁関係など、総勢49名があたった。ここで選定された各地域の風景地は、後の国立公園の選定にも影響し、日本近代の観光の動向も左右していった。

33. 日本新八景に選ばれた上高地

34. 志賀重昂によって「日本ライン」と命名された木曽川

国立公園の誕生

　日本近代に誕生した国立公園の成立は、政府がトップダウンで行ったものではなく、世論が政府を動かしたといわれている。その世論とは、議会への数多くの請願と建議である。明治、大正、昭和にかけて国立公園に関する請願と建議の数は実に120を超えるものであったという。特に明治44年（1911）、新潟県の野本恭八郎が富士山を中心に大公園をつくることを願う第27回帝国議会に提出した「明治記念日本大公園創設ノ請願」、同じく第27回帝国議会に提出された日光町長西山真平による「日光山ヲ大日本帝国公園ト為スノ請願」は、明治末期の議会提出以来継続的に請願がなされたもので、特に後者の請願は日光が国立公園に指定される背景として極めて重要な運動であった。また、代議士の清崟太郎は同44年に「国設大公園設置ニ関スル建議」を提出した。この内容はアメリカの原始的自然を保護する「ナショナル・パーク」を手本にしているが、すでに日本人に知られていた富士山等の名勝地や清の提案は、自然を保護するために国設の公園としようとするものであった。この提案を受けて内務省に国設大公園設置ニ関スル建議案委員会が組織され、熱心な議論が展開された。

　他方、大正8年（1919）に史蹟名勝天然紀念物保存法が制定され、植物の繁殖地や動物の生息地、地質鉱物で学術上価値の高い自然や、風光明媚な名所が、法律によって保存の対象となった。これは、地理学者・生態学者の三好学が、ドイツの天然記念物の制度を日本に紹介したことがきっかけで誕生したものであり、昭和3年（1928）に上高地が天然記念物と名勝に指定された。ただしこの制度は、保存の範囲は必ずしも大きいものではなかった。そんななか、大正9年（1920）に内務省が国立公園の調査と指定に本格的に乗り出した。国立公園候補地の調査としては、内務省衛生局が田村剛と中越延豊を起用し、上高地、白馬山、日光、温泉岳、阿蘇山など全国16ヵ所が、大正9年から昭和3年にかけて踏査された。

　さらに昭和5年（1930）には、国立公園調査会が組織され、昭和6年（1931）には国立公園法が制定された。そして昭和6、7年（1931、1932年）にかけて、12ヵ所の国立公園が指定された。それらは、日本アルプス（上高地、白馬山、立山）、日光、雲仙（温泉）、阿蘇、富士、吉野および熊野、阿寒、霧島、瀬戸内海、大山、十和田、大雪山であった。

図14 昭和11年における東京近郊主要避暑地の滞在客分布
円の大きさは滞在客数最高数値に比例
温泉、高原より海浜に滞在客が圧倒的に多い

35.昭和初期における別荘地の分布

鉄道網の発達と
近代別荘地・観光地の形成

　明治20年代以降になると、横浜〜国府津間、上野〜青森間、高崎〜直江津間など、関東圏における鉄道網の整備が進んだ。このことによって、明治中期の居留外国人やお雇い外国人は、蒸し暑い日本の夏に避暑を求めて高原や海浜に鉄道で出掛けるようになった。さらに、明治32年（1899）における「内地雑居制」の実施によって、外国人が居留地以外の別の場所にも土地家屋を所有することができるようになった（安島博幸・十代田朗『日本別荘史ノート・リゾートの原型』）。これが、わが国に別荘地が形成されていく要因となった。つまり別荘地とは、欧米の外国人がもたらした概念だったのである。外国人による別荘地形成は、皇室・皇族・華族・政府高官・実業家を中心に、特権集団の西洋文化吸収やステイタスシンボルとしての別荘所有が流行した。特に皇室では、大正天皇が病弱だったこともあり、宮内省御用掛のドイツ人医師、E・ベルツのすすめによって転地療養の観点から、箱根、熱海、葉山などに離宮、御用邸が構えられ、富裕層の別荘占地にも大きく影響した。特に避暑として発達した別荘地には、高原では軽井沢、日光、那須塩原、海浜別荘地では、大磯、鎌倉、葉山などが知られ、保養の観点から温泉別荘地として箱根、熱海、伊豆などが形成されていった（前掲書）。

　これらの近代別荘地は、外国人向けにホテルが建設されるなど、近代観光地としての性格も具備してゆくこととなった。

　貴賓会（Welcome Society）は渋沢栄一、益田孝といった明治期の財界の重鎮が東京商工会の会長、副会長であった明治20年頃、発案したものである。明治26年（1893）に至り、外国人観光客の日本への旅行の誘致、英文ガイドブックの発行等を行う外客誘致団体として明治26年（1893）に設立された。半官半民の観光振興団体としては、鉄道院を中心に運輸・ホテル関連企業が出資して明治45年（1912）に設立されたジャパン・ツーリスト・ビューロー（現・公益社団法人日本交通公社及び株式会社JTB）があり、最盛期には中国大陸の支部も含めた200ヵ所を超える案内所を有する巨大な旅行社へと成長した。

第3章

造園の時代：
都市と住まいの中の庭園

明治後期から昭和初期にかけては、庭園についての模索や議論が活発になされた時代だった。それは日本が欧米化を試み、試行錯誤した中で生み出した独自のカルチャーと相まって、百花繚乱の様相を呈していた。

10　日本近代テーマパーク行脚

1. 第五回内国勧業博覧会（大阪・天王寺）の様子

遊園地の誕生と形成

日本の遊園地の原形―花屋敷　わが国の代表的なテーマパーク（非日常的な空間の創造を目的として、施設・運営があるテーマにもとづいて統一的に行われている造園空間）のひとつに遊園地がある。これは、明治期以降の西欧文化の移入によって、日本近代の特徴的な造園空間として形成された。そもそも、その端緒は、欧米の王侯貴族が楽しんだ、花壇、散策路、飲食スタンドなどを具備したプレジャーガーデンにあるとされる。しかしその原形は、すでに江戸末期に東京・浅草に誕生した「花屋敷」にみることができる。

花屋敷は、「植六」こと植木屋・森田六三郎が嘉永6年（1853）に浅草奥山に営んだ庭園に起源をもち、四季折々の百花百草を栽培した。多くの人々が集い、果ては諸大名もここに遊んだという。明治期に至り、花屋敷は牡丹や菊の細工、西洋繰人形、猛獣の飼育も始められた。すなわち、「見世物」を軸とする「遊び場」としての造園空間の在り方が確立されてゆくのである。

博覧会と遊戯機械　遊園地の代表的な施設には、回転木馬や観覧車など、いくつもの遊戯機械を挙げることができる。これは欧米から持ち込まれたものであるが、人々に知らしめる絶好の機会となったのが、明治維新後に開催されるようになった「博覧会」であった。博覧会の目的は、文

2. 日英博（1910）の山岳鉄道

4. 東京勧業博覧会でのウオーターシュートの様子

3. シカゴ博（1893）でフェリスの車輪と呼ばれた観覧車

明開化にともなう西欧文物の直接的な展示・啓発を目的とするものであったからである。

　我が国が主催した内国勧業博覧会を見てみると、上野公園で開かれた第1回内国勧業博覧会（1877）では高さ8mにおよぶアメリカ式風車が注目され、第3回内国勧業博覧会（1890）では東京電灯会社の電車走行や自動鉄道というコースターが観客を驚かせた。大阪は天王寺を会場とした第5回内国勧業博覧会（1903）ではドイツ製の「快回機」（回転木馬）、エレベーターを備えた展望台「大林高塔」、茶臼山を利用したウォーターシュートなど、規模・内容ともに、もっとも充実したものとなった。その天王寺での博覧会跡地が、現在の天王寺公園・動物園である。

浅草と天王寺の「ルナパーク」

博覧会で設置された遊戯機械は、イベントが終了すると取り壊されることになる。しかし明治末期から大正期にかけては、工場労働者やサラリーマンなど、新たな都市市民が誕生した時期である。彼らを対象に、廉価で分かりやすい娯楽も求められていた。そんな中、東京浅草と大阪天王寺に本格的な遊園地が誕生した。いわゆる、「ルナパーク」である。

　浅草に明治43年（1910）に誕生したルナパークは、活動写真興行で財をなした吉沢商店が始めたもので、人工の山・滝を造成し、四季折々の草花の咲く庭園をつくり、天文館・木馬館・植物温室・電気発音館・自動機械館など、さまざまなアトラクション施設を配した。また、汽車活動館では実物の貨車を観客席にして、スクリーンを置き、スクリーンの車窓風景の映像に合わせて貨車がモーターで動くという凝ったもので、現代のバー

5.宝塚新温泉内の植物園

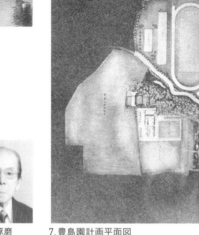
6.戸野琢磨　7.豊島園計画平面図

チャルリアリティ体験型アトラクションにも通じるものがある。

大阪の天王寺では、博覧会跡地の再開発によって明治45年（1912）頃に「新世界」が誕生した。新世界はパリをモデルとした放射状の街路網によるショッピングモール、アメリカのコニーアイランドにならった娯楽街が設けられ、新世界のほぼ中央には、パリのエッフェル塔と凱旋門を組み合わせたデザインの「通天閣」が建設された。さらに遊園地も設けられ、浅草と同様に「ルナパーク」と命名された。アトラクションには直径36尺（約11m）の円盤が回転するサークリング・ウエーブ、猿を見せるモンキーホール、多種多様なものが具備され築山、泉水を設けて人々を楽しませた。

郊外電車と遊園地　明治末期になると、これまでの官営の鉄道ではなく、民間の鉄道会社が東京、横浜、大阪、阪神間といった都市圏に誕生した。こういった電鉄会社は、郊外住宅地開発とともに、鉄道利用の促進を図ろうとする意図から、共通して、沿線に遊園地開発を行っていった。そのモデルを最初に示したのが、箕面有馬電気鉄道（現・阪急電鉄）の創始者・小林一三が明治44年（1911）より営んだ「宝塚新温泉」である。

宝塚新温泉（大正13年より「宝塚ルナパーク」）は家族連れの娯楽の殿堂として、公衆浴場のほか、動物園、植物温室、ベビーゴルフ場、飛行塔など各種の遊戯施設を導入、阪神間の近代遊園地として一世を風靡した。なお、今日の宝塚歌劇団も、もとは宝塚新温泉の「少女唱歌隊」を起源にもつものである。

この宝塚新温泉を契機として、各種私鉄は郊外に遊園地を続々と開発していった。阪神電鉄の甲子園娯楽場（1928、後の阪神パーク）、大阪電気軌道（現・近鉄電車）のあやめ池温泉（1926、後のあやめ池遊園地）と生駒山上遊園地（1929）、東京方面では、玉川電気軌道の玉川遊園地（1909）、王子電気軌道の荒川遊園（1922、現・あらかわ遊

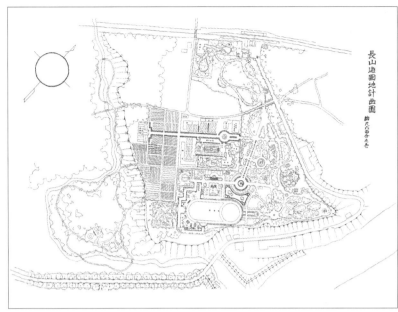

8. 長山遊園地計画平面図

9. 高村弘平

園)、京成電気軌道の谷津遊園（1925）など、枚挙にいとまがない。

すなわち近代の私鉄は、単純に軌道だけを整備するのではなく、都心と郊外を連絡するなかで、住宅地とレジャー施設との両方を開発し、沿線のにぎわいや集客を大きくしていこうとしたのである。

遊園地計画と近代造園家、百貨店の屋上庭園

近代遊園地における遊戯機械など、数々のアトラクションは、我が国の機械職人がその多くを手掛けたものである。例えば飛行塔や子ども用の汽車など、大型機械を得意とした土井万蔵、回転木馬や電気自動車など、精緻な技術を要する遊戯機械を手掛けた遠藤嘉一がよく知られるところである。

ただし、遊園地のマスタープランは、やはり造園家の仕事であった。著名なものを挙げると、大正15年（1926）に開園した「豊島園」であろう。設計は、北海道大学農学部で花卉園芸を学んだのち、アメリカのコーネル大学造園学科で学んだ戸野琢磨である。戸野は豊島園の設計において、従来の娯楽館や飲食施設が雑然と並ぶ遊園地とは一線を画し、軸線や中心円を基調とした幾何学的プランに各種施設を配置した。戸野は昭和28年（1953）より、東京農業大学造園学科の講師も務めた造園家である。

そして、東京高等造園学校の第3期卒・高村弘平も戦前〜戦後を通じて遊園地計画と遊戯機械の設計に活躍した。高村はもともと、高等造園入学前は山形県立米沢工業学校で機械を専攻しており、遊戯機械の設計の素質と、高等造園で学んだ造園の全体計画を観る目とが、うまく融合して才能が開花したのであろう。高等造園を卒業した高村は、田園都市株式会社が開発した遊園地・多摩川園に入社。造園や遊戯施設の各種の設計にあ

10. 橋本八重三

11. 長府楽園地

たった。その中で、長山遊園地 (1931)、桜淵遊覧地 (1933) という愛知の遊園地計画を皮切りに、戦後は埼玉・戸田遊覧地 (1948)、神奈川・金沢スポーツランド (1949)、岩手・釣山遊園地 (1951) といった、数々の作品を手掛けていった。

一方、造園業から遊園地計画にアプローチした人物もいた。大阪の住吉で橋本庭園公務所を自営した橋本八重三である。橋本八重三に詳しい橋爪紳也氏によれば、橋本はもともと、病気にかかった名木の治療を行う植物病院や人造自然木(擬木)の開発など、多面的な経営戦略を大正中期から昭和初期にかけて展開した人物であった。

大正11年 (1922) に、大阪は心斎橋の大丸の屋上に遊具、猿舎、時計、花台などを設けた子ども用の遊園の設計を手掛けたことを端緒に、橋本は大阪の枚方遊園地、山口の長府楽園地の計画設計を行っている。それらは、先端技術の遊戯機械を取り入れたものではなかったが、「猿の家」、「山スベリ」、「エアプレーン」(飛行塔)、様々な形状のスケート場を設置した「新案スケート場」など、造園家としての趣向を凝らしたものであった(橋爪紳也『日本の遊園地』2000年)。

なお、橋本が大丸の屋上庭園をさながらミニ遊園地として空間化を図ったことは上記したとおりだが、明治末期からは三越、白木屋、松坂屋など近代の百貨店には、共通して屋上を娯楽装置として遊園的に利用し始めていた。当時は「屋上庭園」とか「空中庭園」などと称されており、大正3年 (1914) 完成の東京・日本橋の三越の屋上には、噴水、奏楽台、温室、パーゴラなどの洋風施設のほかに、和風庭園や神社もあったようである。大阪の白木屋でも、大正8年 (1919) に屋上庭園を完成させ、盆栽場や温室を設置しつつ、「大阪第一の眺め良き展望台で先づ大大阪の繁華をご覧下さい」と宣伝していたことから、都市を俯瞰する、という眺望性も重要な立地的要素として認識されていたことが分かる。

動物園と植物園

日本の動物園や植物園に類する施設は、それこそ、飛鳥・奈良時代における天皇の施設に存在

12. 東山動物園の禽鳥舎

13. 東山動物園

14. 上野動物園の猿山

15. 新宿御苑の大温室（戦前）

したものであった。それは、中国の珍しい植物や動物を宮城内のある場所に持ってくる、というようなものである。

江戸時代には大名庭園に象なども飼育され、また民有地にも見世物の観点から植物（菊人形等）や、動物（猛獣等）が庶民の娯楽の対象となっていた。しかし、現在、全国につくられている動物園や植物園の原形は、その成立が博物学的観点から導入されたものである。すなわち、世界各国の動物ないし植物を収集して調査研究し、また一般の観覧にも供する、という観点で設置した、博物館的施設なのである。

我が国最初の動物園は、明治15年（1882）に開園した「上野動物園」である。これは明治10年（1877）に上野で開かれた第1回内国勧業博覧会の施設を、一部博物館施設に移行することが定められ、そのひとつとして動物園も含められたことに端を発する。わが国2番目の動物園である「京都市記念動物園」も第2回内国勧業博覧会の動物館等の跡地利用から誕生したものである。

大正期に至ると、大阪の天王寺動物園、名古屋の東山動物園など全国各地に展開していくこととなった。

我が国の近代植物園も、調査・研究の観点から収集されたものが観覧にも供されるようになって誕生したもので、古くは明治期における皇室の植物試験場であった「新宿御苑」を始め、「東京大学付属小石川植物園」「北海道大学農学部付属植物園」が、明治期に開園したものとして著名である。

11　日本近代庭園通覧 −前編−

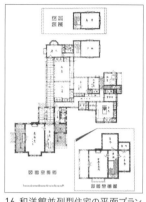
16. 和洋館並列型住宅の平面プラン

17. 和洋館並列型住宅

日本近代の庭園様式

　日本近代の庭園は、近世以前の庭園と比較にならないほど、姿や形の全く異なる様式が、いくつも形成された点で特異である。

　そのひとつといえる「洋風庭園」は、日本の西欧的近代化を端的かつ明快に示すものである。従来の「日本庭園」についても、西洋の庭園文化の受容によって、日本庭園における「和」の概念が西洋と相対的に捉えられ、旧来の伝統様式を近代的な感覚で問い直した庭園へと革新していった。

　さらに昭和初期には、多数の庭園作家の台頭に加え、建築家や芸術家も作庭を試みる者が現れた。庭園は装飾を用いずに幾何学的な抽象性をデザインモチーフとしたモダニズム思潮を取り入れたもの、芸術表現の性格が強い造形的なものなど、「近代主義庭園」とでもいうべきものとして、その多様化がますます拡大していった。

　以上のように日本近代（幕末・明治・大正・昭和前期）の庭園はダイナミックな展開をみせたのである。

洋風庭園の系譜

　すでに、「3. 西欧文化の伝来と洋式造園の登場」において述べたように、17世紀以来の長崎・出島オランダ商館庭園が我が国初の洋式庭園であり、外国人居留地を中心に、擬洋風庭園の誕生をみたのは説明したとおりである（P26−29参照）。

　一方で洋行帰りの博物学者・田中芳男の立案による、円形の泉と同心円状の花壇を配した大阪の「舎密局園囿構想」（幕末期）、環状に園路が巡った芝生を基調とする東京・湯島の「田中不二麿邸庭園」（1876年頃完成）などのように、純洋風庭園も存在した。

和洋折衷式としての「芝庭」の流行　皇室・皇族・華族などの特権階級や政府高官・実業家らは、洋食・洋服など衣食住に関わる西欧的な生活様式を導入し、そのステイタス・シンボルとして洋館を構え、接客空間の充実を進めた。しかし日常生活は依然として和館で営まれ、和館と洋館が同一の敷地に位置した「和洋館並列型住宅」が、明治中

18. 麹町雉子橋の大隈重信邸

19. 明治神宮旧御苑

20. 本郷の阿部邸

21. 小石川の細川邸

期以降の特徴的な建物配置形式として形成された。

　和洋館並列型住宅は、和館と洋館が隣接したことから、全く性格の異なる建物が並んで見える点に外観上の違和感もあった。そのため庭園には、和洋の建物が併存する景観を調和させるため、広々とした芝生に緩やかに蛇行する園路を設け、芝生の処々に丸型の刈込や捨石（捨てたように無造作に配した伏石）をあしらった、和洋折衷式とでもいうべき「芝庭」が現れた。

　芝庭は近代社交の一形態として定着しつつあった園遊会の場としても歓迎され、上流階級の住宅を中心に、大いに流行したのである。特に東京では、芝庭の先駆といえる麹町雉子橋の「大隈邸庭園」（1878年完成）を始め、「明治神宮旧御苑」（1884年完成）、霞ヶ関の「有栖川宮邸庭園」（1884年完成）、永田町の「鍋島邸庭園」（1892年完成）、下谷茅町の「岩崎邸庭園」（現・旧岩崎邸庭園1896年頃完成）など、芝庭を持つ庭園は枚挙にいとまがない。

　とりわけ、芝庭の典型とされる目白の「細川邸庭園」（1893年完成）については、華道家・近藤正一の著書『名園五十種』（1910）に、「芝生の間を円く繞る小径、松や躑躅の姿が半円形をなせるなど、所謂曲線の調和が巧く出来て居る為に眼の運動が滑かに為り従て美観も現れ、精神にも愉快を感ずる（中略）斯る意匠の庭園は和風の座敷にも悪はないが、洋館には一層その調和が可いやうに思ふ」と記され、園路や植栽による「曲線の調和」こそが、芝庭の空間デザイン上の本領であったことが分かる。

　芝庭という様式は、とりわけ皇室と関係が深

22.旧古河庭園現況平面図

23.下谷茅町の岩崎邸(現・旧岩崎邸庭園)

24.ジョサイア・コンドル

い。というのも、明治天皇と宮内省内匠寮技師・小平義近が様式の形成に寄与した人物と目されているからである。

例えば、明治神宮旧御苑築造の際には、「こへ斯う道をつけねばいけぬ。一本路では散策にならぬ故、うねうねと曲折を多くするのがよい」と、天皇自らが小平の作成した設計図上に曲線園路を示したというエピソードが残る(中島卯三郎、「明治神宮の旧御苑」、庭園と風景13巻3号、1931年)。また、明治29年(1896)に旧来の庭園を芝庭に改造した「元離宮二條城本丸庭園」も、改造の指示は明治天皇が出し、実際の築造に小平が関与したと考えられている。さらに、各地に造営された天皇の御用邸で庭園を小平が手掛けたものには、「田母澤御用邸」(1899年完成)、「静岡御用邸」(1900年完成)があるが、庭園は悉く芝庭が採用されているのである。

純洋風庭園の勃興 明治末期から大正期に至り、幾何学的・図案的な構成を主軸とする本格的な純洋風庭園が現れた。それらは、皇室庭園、富豪層の住宅庭園、大学キャンパスの庭園などに見られる。

皇室庭園の主な例は明治39年(1906)に洋風に改造された「新宿御苑」である(「4.公園と近代都市、洋風造園の到達点」P30-33参照)。

住宅庭園の純洋風化に重要な役割を担ったのは近代建築の父、ジョサイア・コンドルであろう。コンドルは東京を中心に、明治末期から大正期にかけて高輪の「岩崎邸」(現・三菱開東閣)、綱町の「三井邸」(現・綱町三井倶楽部)、西ヶ原の「古河邸」(現・旧古河庭園)などで、洋館とともに洋風庭園の監修や計画に関与した。

東京の近代住宅は台地端部に立地するものが多く、コンドルの関与した洋風庭園も洋館とセットで台地上部に配置され、時に斜面を階段状に造

25. 橋本八重三設計の堺・上田邸

26. 椎原兵市設計の山本邸の壁泉

27. 二楽荘のロックガーデン（兵庫・六甲）

28. 二楽荘の毛氈花壇から建物を見る

成し、テラス式庭園として意匠化を図った。なお、崖線下の低地部は、湿潤地であることを利用して和風の池庭とされた。したがって台地上に洋風庭園、低地部に和風庭園を具備した庭園様式「和洋併置式」が形成されていった。

関西でも椎原兵市や橋本八重三といった造園家が、富豪層の住宅に純洋風庭園を試み始めたが、とりわけ阪神間に数多く造られた。特に意匠的に傑出したものは、六甲山中腹に大谷光瑞が造営した「二楽荘庭園」（1908年頃完成）である（大正5年以降、久原房之助が所有）。本館の外観はインドのアクバル皇帝時代の建物やタージマハルを模し、庭園は本館の前後に配置されていた。玄関側の前庭は自然石を荒々しく配し、処々に草木を植栽したロックガーデン、反対側の主庭は中央に噴水を設け、全体を直線園路で区画して多様な草花による文様を巧みに作りだした毛氈（もうせん）花壇や境栽花壇を配したものであったことが古写真から分かる。しかし残念ながら本庭園は昭和7年（1932）に本館が出火して炎上し、灰燼に帰した。現在は跡形もなく、まさに"幻の洋風庭園"と呼ぶに相応しい庭園である。

実用主義庭園の登場　明治末期から大正期にかけては、煤煙や水質汚濁などの公害問題が顕在化し、コレラなど伝染病の流行とともに、都市域では深刻な世相を呈していった。これに対し内務省は住宅地の郊外化を啓蒙する『田園都市』（1907）を刊行。大手私鉄会社の鉄道網の拡大とともに、沿線が郊外住宅地として開発されていった。

これ以降、家庭博覧会（1915）、生活改善博覧会（1918）など、当時台頭してきたサラリーマン

29. 小住宅の実用主義庭園

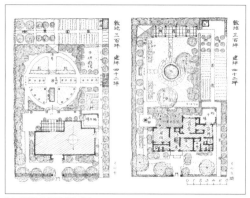
31. 実用主義庭園プラン

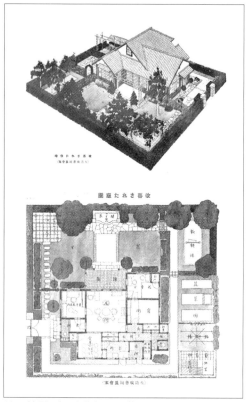
30. 田村 剛の実用主義庭園の模範設計

層などへ生活改善の啓蒙を意図したイベントの開催、住宅改良会による『住宅』（1916）や生活改善同盟会による『生活』（1920）の創刊など、大正期を中心に住宅改良運動が巻き起こった。具体的には、台所や居間などに欧米様式を導入し、住まいの洋風化が進展してくるのだが、その中で新たな庭園像の模索が始まったのである。

東京帝国大学で教鞭を執っていた造園学者・田村剛は、建築家や教育家らとともに生活改善同盟会の調査会一員として『住宅改善の方針』（1920）の創案に参画。田村は庭園改善の検討において、戸外室、運動場、バックヤード、菜園などを重視した「実用主義の庭園」を掲げた。それは庭園を実用住宅の一部分と位置づけ、戸外の居室として経済的に利用し、生垣を推奨して街路の装飾にも役立てようとするものであった。意匠的には、「果樹や蔬菜や花卉や緑陰樹或は芝生等を用い（中略）花壇や道路や植栽や区画等の線を、悉く直線として行く」（『実用主義の庭園』、1919）もので、中流階級の住宅庭園にも「洋風」の概念が取り込まれる契機となったのである。

和風庭園の系譜

近世様式の継承　『築山庭造伝（前編・後編）』（1735、1829）、『石組園生八重垣伝』（1827）など、江戸中期以降は各種の庭園指南書が全国各地に流布し、「築山・平庭・茶庭」を庭園の基本形式と定め、細部の意匠には「真行草」という格式の概念を導入し、石組や垣根とともに庭園の定型化が図られ

32. 山縣有朋

33. 目白の椿山荘庭園

34. 無隣庵庭園（京都・南禅寺）

た。

　この傾向は明治・大正期に至っても継承された。例えば、本多錦吉郎『図解庭造法』（1890）、中島義信（春郊）『庭造法図式大鑑』（1911）、杉本文太郎『日本庭造法真行草三体図案新書』（1916）などでは、江戸期と同様に庭園の築山や石組、園路意匠などについて「真行草」に分類し、作庭上の要点を解説している。

　近代京都では、「真行草」を庭園に初めて導入した嵯峨流を起源に持つ、新嵯峨流と名乗った庭園流派が存在し、三態の格式にならった古典的築造を行っていた。地方における住宅の庭園については、津軽地方には江戸期に景石や飛石に大ぶりの石を用いることを特色とした大石武学流が誕生し、出雲地方では茶人・沢玄丹の流れを汲む玄丹流などが興隆し、近代以降も当該地域で作庭がなされた。

山縣有朋の近代的造園感覚　一方、新たな造園感覚で従来の日本庭園とは異なる作庭を行う人物が現れた。それは、明治の元勲・山縣有朋である。造園学者・田村剛は、「山縣公の好まれた庭といふものは、いづれにしても、地形に相当の変化がありまして、そして環境を出来るだけ利用する、利用し得るやうな場所を選んでをられる（中略）作者の態度は自然主義であり、その手法は大胆、豪放な作りだといふことが、いへるかと思ふ」（「山縣有朋公と庭園」、庭園24巻5号、1942）と評したように、山縣の庭園理想像は、箱庭のような小空間ではなく、周辺環境を存分に生かした「自然主義」を基調とするものであった。

　山縣は、故郷である長州吉田の無隣庵を始め、東京では目白の「椿山荘」、小石川の「新々亭」、麹町の「新椿山荘」、神奈川では大磯の「小淘庵」、小田原の「古稀庵」、京都では、木屋町の「無隣庵（第二無隣庵）」、南禅寺の「無隣庵」など、明治・大正期に多数の邸宅・別荘を造営した。

　これらの邸宅には、悉く庭園が築造され、いずれも山縣の造園趣味が発揮されていた。その顕著なものには椿山荘、南禅寺の無隣庵、古稀庵が

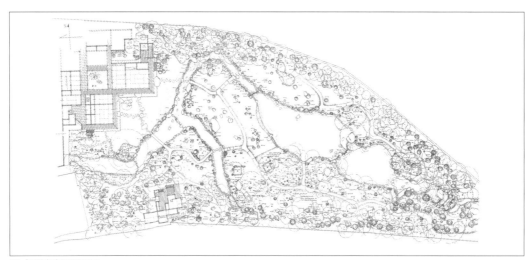

35. 無隣庵庭園平面図

36. 7代目小川治兵衛（植治）

現存する。庭園は共通して主屋前に芝生を配し、軽快に蛇行する流れを主要構成として園外景観を大胆に取り込んだ、明るく開放的で野趣に富んだものであった。

明治30年（1897）完成の南禅寺・無隣庵庭園を前にして山縣自身は、「京都の庭には苔の寂を重んじて芝などというものは殆ど使はんが、・・・私は断じて芝を栽ることとした」、「従来のひとは重に池をこしらへたが、自分は夫よりも川の方が趣致があるように思う」（黒田天外、『続江湖改心録』、1907）と自身の庭園構想を明かしている。つまり山縣は、石組を三尊石としたり、池に鶴島・亀島を浮かべたりするような、従来の日本庭園にみられる象徴主義的な手法を極力排し、渓流や山里を思わせるような「原寸大の自然」を表現した庭園を標榜したのである。

山縣の庭園施工は、関東所在の椿山荘、新々亭、新椿山荘、小淘庵、古稀庵では、当時トップクラスの腕を誇った庭師・4代目岩本勝五郎が手掛けた。京都・南禅寺の無隣庵では、植治こと7代目小川治兵衛が起用されている。植治は当時、若干35歳であり、山縣の指導を受けながら施工した無隣庵庭園を契機として、自然主義庭園のデザイン技法を確立していった。

自然主義庭園の形成　明治42年（1909）、京都では全国園芸博覧会の開催にあたり、京都の名園を収録した『京華林泉帖』が京都府によって刊行された。ここでは近世以前の庭園のほか、明治期に新造あるいは改造された庭園も17例と多数掲載されている。このうち、上述の南禅寺「無隣庵庭園」「平安神宮」「市田邸対龍山荘庭園」「稲畑

37. 久原邸（作庭＝植治）

38. 益田克徳邸（東京・下谷根岸）

39. 市田邸／對龍山荘（作庭＝植治）

40. 高橋義雄邸（東京・麹町番町）

邸和楽庵庭園」「並河邸庭園」「久原邸庭園」「田中邸庭園」「清水邸十牛庵庭園」の8例が植治作である。

これ以外にも植治が作庭した可能性のあるものを含めると、過半数に達するという。それらの庭園も南禅寺・無隣庵と類似し、流れと芝生を基調として、園外景観を取り入れたものであった。

『京華林泉帖』の著者・湯本文彦は、「京都林泉も稍旧来の箱庭的の範鑄を脱して自然的の天趣を尚ふ傾向を生したるが如し（中略）近年に至り山縣公爵家の無隣庵は更に此趣旨を発揮せられたるものといふへく二條三井氏新町三井氏の林泉の改修もこの趣味あるを見るなり」と評し、明治末期に至って京都では、植治の技法に看取されるように自然主義庭園としての様式が形成されたのである。

京都のこのような庭園は、そのほとんどが政・財界の富豪層が造営したものである。彼らは茶の湯を好み、名器と言われる茶道具を数多く蒐集し、茶道史に新境地を開いた近代数寄者として知られる。

東京でも、近代数寄者の代表格とされる益田克徳、益田孝、高橋義雄が、それぞれ下谷根岸、高輪、麹町番町に邸宅を構え、広大な庭園を造営した。これらの庭園は、共通して栃木・塩原の自然風景を模して築造され、東京の近代数寄者の庭園主題にも「自然」という概念が重要な位置を占めていたことが分かる。

また彼らは、古寺の伽藍石を踏分石（飛石園路の分岐点に打つ役石）として好んで用いた。とりわけ高橋義雄は、奈良・秋篠寺や京都・高台寺などから大量に伽藍石を収集し、赤坂の邸宅「一木庵」

41. 2代目松本幾次郎

42. 飯田十基

43. 富士邸（作庭＝飯田十基）

の庭園築造にあたり、飛石、捨石などの庭石を悉く伽藍石とし、その建物も「伽藍洞」と命名したほどであった。

　同時期には、自ら庭園の設計を行っていた近代京都画壇の画家たちの活躍も無視できない。例えば、竹内栖鳳が大正初期に築造したと推定される、保津川を模した流れを配して嵐山を大胆に取り込んだ「嵯峨野別邸・霞中庵庭園」、野筋状の芝生園地に縫うように流れを配し、琵琶湖やその対岸の三上山を借景した山本春挙の大津本邸「蘆花淺水荘庭園」（1923年完成）などが挙げられる。これら画家の庭園も、風景画を思わせるような自然を写実的に表現した庭園だったのである。

　こういった新しいタイプの庭園は、自然美を基調としたイギリス風景式庭園の影響のもとに成立したという指摘も存在する。近代の和風庭園はその様式や意匠の多様化によって未だ全貌は明らかではない。ただし、ここで述べた自然主義庭園とは、西洋の庭園文化の受容によって、「和」の概念が再定位され、そして形成された新感覚の庭園様式と言うことはできよう。

　なお、明治・大正期に開化した自然主義庭園の動きは、昭和に至ってその思想をさらに推し進め、従来庭木として用いられなかったクヌギ・コナラ・エゴなどを主たる植栽とし、茶庭や流れなどを配置・構成した「雑木の庭」に継承されていった。

　その立役者は、東京の近代数寄者の庭園を数多く手掛けた庭師・2代目松本幾次郎や4代目岩本勝五郎のもとで修業した飯田十基（本名・寅三郎）であろう。

　飯田は修行時代に東京・飛鳥山の渋沢邸庭園や小田原の古稀庵庭園の施工に従事。そこで雑木を生かした自然主義庭園を目の当たりにした。大正7年（1918）に独立後、程なく住宅庭園に雑木の導入を試み始め、「対鷗荘聖蹟記念館庭園」（1928完成）「吉田元助邸庭園」（1930年完成）など、昭和初期に至り、雑木の庭づくりが本格的に始動したのである。

12　日本近代庭園通覧 −後編−

44. 揚輝荘庭園の擬木の橋とベンチ

45. 琴ノ浦温山荘庭園にみる擬石護岸（現在）

46. 清澄庭園の沢渡り

47. 琴ノ浦温山荘園 鏡花庵露地の擬石飛石（現在）

近代造園材料の台頭

　近代は造園材料にも変化が起こった。明治5年（1875）、我が国初の官営セメント工場が東京・深川に建設された。これ以降、セメント・モルタル・コンクリートは各種建築物、鉄道、橋梁などの近代施設に欠かせない建設材料になっていった。そして同様に庭園空間にも導入され、造園材料に革新がなされたのである。

　セメントによる和風表現　我が国で初めてセメントを庭園に用いたのは、三菱財閥創始者・岩崎彌太郎であった。彌太郎が造営した「深川親睦園（現・清澄庭園、清澄公園）」の沢渡りには、巨大な伊予青石と紀州青石が使用されているが、この付近の施工は明治13年（1883）頃、彌太郎が自ら指導して70樽のセメントを用いたものである。

　また、大屋霊城が著した『庭園の設計と施工』（1920）によれば、「底をコンクリート又はセメントにて張るをよしとす」、「滝及渓流の石組はセメントを以て十分固定し」などと記されており、セメント・モルタル・コンクリートは、大正中期には造園材料として一般化していたことが分かる。

　このように、コンクリートやモルタルは当初

48.上原敬二著『新しい室内庭園』1932年

49.西田富三郎著『新時代の庭園と住宅』1934年

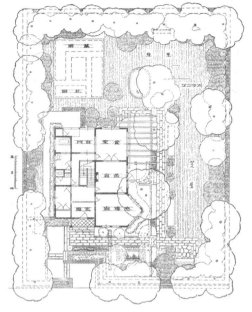
50.昭和初期の小庭園プラン

「施工材料」として庭園に導入されたが、「意匠材料」としても新境地を開いた。すなわち、景石、池泉護岸、滝石組などを擬石・擬岩で構成し、庭園細部の和風意匠をコンクリートで表現する傾向が、明治末期以降ひとつの潮流として現れたのである。その先駆的事例には、流れの岸や滝石組をコンクリートで造作した、政治家・田中光顕が静岡・富士川に築造した「古谿荘庭園」（1909年完成）、実業家・新田長次郎が和歌山の海南に大正元年（1912）から昭和初期にかけて築造した「琴ノ浦温山荘庭園」が現存する。特に「温山荘庭園」では飛石・景石・池泉護岸の多くの部分にモルタル製擬石が配され、庭園施設には擬木も多用されていた。しかし興味深いのはその量的な多さだけではなく、「大石を人工製作せむと思ひ立ち、セメントを以て試作せるに一見本物の自然石と異らざるもの出来上がり自ら興趣を湧かしめた」と自叙伝にあるように、自らがその製作を行っていたこ

とである。園内には紀州青石を模造した擬石も存在し、石英が脈状に結晶した様子も精緻に造作している点で、その技術的水準の高さを物語っている。

7代目小川治兵衛やその息子・小川白揚も大正中期以降には擬石・擬岩を用いて作庭を行っていた。大正8、9年（1919、20）頃に庭園内に隧道を掘削し、その内部を天然の洞窟のようにコンクリートで岩肌を表現した京都・南禅寺「稲畑邸和楽庵庭園（現・何有荘庭園）」、滝石組の景石として要所に擬石を用いた昭和8年（1933）完成の「京都・都ホテル葵殿庭園（現・ウェスティン都ホテル京都 葵殿庭園）」がその実例として知られる。

また、擬木を庭橋や腰掛け等の施設に多用した近代和風庭園には、実業家・伊藤次郎左衛門祐民が造営した名古屋の「揚輝荘庭園」（1939年完成）、昭和6年（1931）に料亭として始まった東京の「目黒雅叙園庭園」（1942年完成）などが挙

51. 堀口捨己

52. 吉川邸

53. 岡田邸

げられる。

　コンクリートによる擬石・擬岩、擬木は、現代では庭園に相応しくないものと理解されている。しかしこれほどまでに富豪等の庭園に積極的に利用されたことを考慮すると、当時、最先端の技術・材料という認識のもとに取り入れられていたといえよう。

　なお、昭和初期に至っては、東京の「錦華公園擬石製滝石組」(1929年竣工)、および「有栖川宮記念公園擬石製池泉護岸」(1934年竣工)、大阪の「天王寺公園擬石製滝石組」(1933年竣工、現在は天王寺動物園の敷地)などに代表されるように、公共造園における和風表現にも擬石・擬岩が用いられていった。

近代主義庭園への展開

　世界のデザイン潮流がダダやデ・ステイルに代表される機能主義へ移行した1920年代以降は、我が国でも『国際建築時論』(1926)、『日本インターナショナル建築』(1929) などの建築雑誌が次々と創刊され、リアルタイムで欧米の建築動向が紹介されるようになった。

　当時の建築思潮は空間機能のミニマル化にあ

54. 東福寺方丈井田庭

55. 重森三玲

56. 東福寺方丈市松庭

り、昭和4年（1929）のＣＩＡＭ（近代建築国際会議）では「最小限住宅」がテーマに掲げられた。構成社書房からはこのＣＩＡＭの議論内容が『生活最小限ノ住宅』（柘植芳男訳、1930）として刊行され、新しい都市居住の可能性に建築の合理性を標榜した「小住宅」という空間概念が登場した。

　庭園においてもこの動向と呼応して、五十嵐孝治『小住宅庭園図集』（1931）、上原敬二『これからの小庭園』（1932）、吉村巌『住宅小庭園図説』（1932）、西田富三郎『新時代の庭園と住宅』（1934）などの刊行のもと様々な庭園プランが提示され、空間の規模と機能を必要最小限にとどめた「小庭園」の在り方が模索されていった。

　具体例には、堀口捨己によるコンクリート造の池と草物を配した単純構成を基本とする「岡田邸庭園」（1933年完成）、飯田十基による寒竹・矢竹・孟宗竹などタケのみで植栽を構成した「吉屋信子邸庭園」（1935年完成）などが挙げられる。

　このように、海外のモダニズムの影響も受けつつ、庭園としての空間美・機能美を追求した「近代主義庭園」は、造園家のみならず、建築家からも様々な試みがなされた。

　また、前衛いけばなや創作的茶道の実践者としても知られる重森三玲は、昭和8年（1933）頃から本格的な作庭活動を開始した。「東福寺方丈庭園」（1939年完成）では、自然石を直立させて神仙島を表した南庭、苔と石で市松模様を構成した北庭などを築造している。以後重森は、芸術作品ともいうべき立石を特徴とする現代的な枯山水スタイルを確立していった。

　昭和初期以降は彼ら以外にも、龍居松之助、後藤健一、斉藤勝雄、西川友孝、西川浩、岩城亘太郎など、多数の造園家・庭園作家が登場した。このことによって近代の庭園は、極めて多種多様に展開していくことになる。

第4章

近代から現代へ：
欧米のモダニズム思潮

20世紀、日本の造園界はアメリカの影響を大きく受けることになる。その源流となる欧米の庭園の流れを俯瞰し、モダニズム思潮について考察する。併せて、日本の近代造園が文化財の制度によって保護の対象となった近年の状況についてまとめた。

13 欧米における近代造園前史

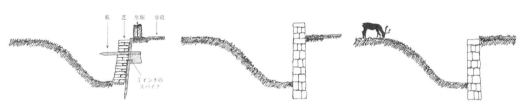

1. ストウ園に見るハハーの変遷。左と中が18世紀前期、右が18世紀後期。(若生謙二氏作成、2006)

セントラルパークの原点としてのイギリス風景式庭園

イギリス風景式庭園の誕生　F. L. オルムステッドが計画設計したアメリカ・ニューヨークにおける「セントラルパーク」は、新たな空間・環境計画分野としてランドスケープ・アーキテクチュア(近代造園)の地平を拓いた。

西洋では、古代エジプト、ギリシャ、ローマ、スペインにそれぞれ形成された各国の庭園様式の発祥以来、ルネサンス期におけるイタリアのテラス式(露壇式)庭園、アンドレ・ル・ノートルが確立したフランス式庭園など、共通して幾何学的・整形的な様式を基調としてそのデザインが変遷してきた。

しかし、18世紀に至り、イギリスでは上記の整形式庭園とは一線を画し、幾何学的な構成を用いるのではなく、起伏のある大地に林や芝生を雄大に設け、自然風景を志向する庭園が誕生した。「イギリス風景式庭園」である。

ここで注目されることは、ニューヨークのセントラルパークの構想には、イギリス風景式庭園の方法が採用されていた点である。風景式庭園とは、それまでのヨーロッパで発達してきた整形式の庭園が、ある種、囲まれた空間の中だけを美しく意匠化しようとしてきたことに対し、敷地のもつ景観的特徴を最大限生かし、地形や水系といった自然立地を意識して園外の丘陵、森林牧場や河川、湖沼などを取り込んで一体化し、広大な風景そのものを庭園化しようとしたものである。

ラングリが唱えた「造園の方針28カ条」　18世紀当時のイギリスでは、「自然のなかには造園の及ばない荘厳があり、庭園は美しいほど自然に似る」(ジョセフ・アディソン)、「すべての芸術は自然に学ぶことで成り立つ。庭園は束縛から解放された広々とした眺望のよろこびと自然の広大な広がりを‥‥」(スティーヴン・スウィッツアー)など、イギリスの風景画家や田園詩人の影響を受けながら、イギリス風景式庭園は発展をとげる。

とりわけ、著述家のバティ・ラングリは、『The New Principles of Gardening or the laying out and planting Parterres』(1728)のなかで、「造園の方針28カ条」をまとめた。針ヶ谷鐘吉はその中で以下の重要な数ヵ条を紹介している(針ヶ谷鐘吉『西洋造園変遷史』1977年)。

・建物の前に美しい芝生をとり、彫像で飾り、周囲は樹木を並植すること。

2. ウィリアム・ケント

3. ランスロット・ブラウン

4. ハンフリー・レプトン

5. ストウ園

- 通景のとれない園路は、森林、奇岩、断崖、廃墟、大建築にて終わらせること。
- 眺めがよく広々した平地や花壇には決して整形的な常緑樹を用いないこと。
- 縁取りまたは渦巻き模様を芝生や花壇には導入しないこと。
- すべて庭園は雄大に美しく、かつ自然的であること。
- 自然が前に手をつけなかった小山や谷に造園技術を施すこと。
- 園路の交差点は彫像をもって飾ること。

さながら、風景式庭園の特徴を述べたような感があるが、この様式を具体的に実践した18世紀前期の造園家に、チャールズ・ブリッジマン（1690〜1738）が存在した。

ブリッジマンは、「バッキンガム宮苑 ストウ園」の設計において、芝生、森林、曲線園路を主体とした風景式の具体像を示した。特に注目すべき点は、庭園周囲に壁を設けず、美しい森林原野へと視覚的に導く「ハハー」（隠垣）を巡らしたことであった。ハハーとは庭園外周を区切る掘割のことであり、庭園を散策している人がこの掘割に気付いたときに初めて境界があると知り、「ハハー」と驚いたことからこの名前がついたと言われている。

その後、イギリス風景式造園は、立役者として、ウィリアム・ケント（W. Kent 1685〜1748）、ランスロット・ブラウン（L. Brown 1716〜1783）、ハンフリー・レプトン（H. Repton 1742〜1818）の3人の造園家によって、様式を確立していくこととなった。

ウィリアム・ケント―「自然は直線を嫌う」

ウィリアム・ケントは、18世紀前半にイギリス風景式庭園を確立したといわれる造園家である。ケントはもともと画家として出発し、その後、建築家となり、さらに造園家となるという経歴をもつ。ケントは1709年頃ローマに渡り、絵画を勉強するが、この折に興味を持った絵画は、クロード・ロランやニコラ・プーサン、サルヴァドール・ロサなどによって描かれた風景画であり、イギリスにおいて風景式庭園を考案する素地が、このときに形成されたと言われている。

彼はブリッジマンの後継者で、始めはその技術を踏襲していたが、整形式を完全に脱し、直線的な園路、並木道、噴水、生垣など、直線の要素をことごとく否定していった。彼の残した有名な言葉に、「自然は直線を嫌う」（Nature abhors a

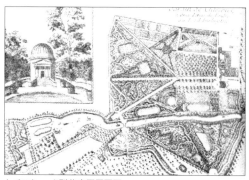
6. チスウィック別荘庭園平面図

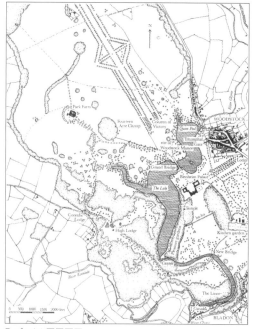
7. ブレナム園平面図

straight line)というものがある。そして不規則な形の岸辺をもつ池や、蛇行する川などが作風として定着していった。さらに自然を忠実に写そうとしたことから、「ケンジントン庭園」に枯木を植栽したことはあまりにも有名である。

ケントの出世作は、彼の後援者であったバーリントン卿の「チスウィック別荘庭園」で、次いでブリッジマンとストウ園の設計に参画したことで、その名声を不動のものとしていった。このほかに、「エシャー園」「クレアモント園」「ローシャム園」などの庭園作品がある。

ランスロット・ブラウン──「可能性」の追求

ケントに次いで、風景式庭園の巨匠として現れたのは、ランスロット・ブラウンであった。彼は、計画する敷地を見て、「可能性がある (It had great capabilities)」と常に答えていたことから、通称「ケイパビリティ・ブラウン」とも言われてている。

ブラウンは1741年頃からストウ園で勤務を始めたが、当時ストウ園は、イギリスでは最も洗練された庭園という評価がなされていた。この地でブラウンはウィリアム・ケントの方法を実物の庭園から学ぶと同時に、造園を勉強し、建築についても学んだ。

ほどなくストウ園の改修を彼が担当することとなり、さらにグラフトン公爵家のウィークフィールドロッジ周辺の造園で評判が高まり、彼に対して庭園設計が各地から依頼されるようになっていった。さらに、1776年には国王が所有する「ハンプトン・コート庭園」の主任庭師に任命され、宮廷造園家としての地位を不動なものとした。

ブラウンの代表作は、「ブレナム園」「クルーム園」「ルートン園」「トレンサム園」など多数あ

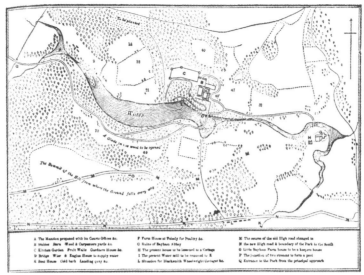

8. ベーハム園平面図

9. ベーハム園改良前

10. ベーハム園改良後

るが、とりわけブレナム園はグリム川という小川を堰き止めて広い池を2ヵ所もつくり、起伏のある芝生の大地と樹林とによって雄大な自然風景を創出している。

しかしブラウンは、あまりにも風景式庭園を推進したために花壇などの装飾的要素を一切廃除したことから、後にあまりにもデザインが単純で花の楽しみがないと批判されてしまうこととなった。

ハンフリー・レプトン──「レッドブック」の考案者

ブラウンが亡くなったあと、目覚ましく活躍した造園家はハンフリー・レプトンであった。レプトンはブラウンの流れをくむ作風で、生涯200庭園以上の作品を手がけた。

彼が成功した理由は、主に依頼主へのプレゼテーションのテクニックにあった。敷地の現状を描いた絵と、彼のデザイン案とを小冊子にまとめ、赤い皮の表紙を付けて依頼主に提案したのである。いわゆる「ビーフォー・アフター」の庭園の姿を示そうとした。レプトンによる庭園のデザイン案を視覚的に説明するこの方法は極めて効果的であった。この小冊子は皮の赤い色にちなんで、「レッドブック」と呼ばれ、風景式庭園の教科書にもなった。

レプトンはブラウンの賛美者であり、その庭

11. ウェントワース園改良前

12. ウェントワース園改良後

13. ホークハム・ホール庭園改良前

14. ホークハム・ホール庭園改良後

園デザインは、ブラウンを踏襲したものであった。しかしブラウンとの違いは、植栽を密に仕上げ、園内の建築物も様式主義的・古典主義的なものではなく、田舎屋風のものを用いたことである。さらに、館の周辺においては、ブラウンは花壇など装飾的要素を排除したが、レプトンは整形的デザインを復活させた。すなわち、建物周囲にテラスを造成したり、直線状の花壇を用いたり、並木道なども配した。レプトンは、建物の周辺は人工的な造園構成で空間を彩り、建物から離れるにしたがって自然風景になじませる方法を採用したのである。

また、レプトンが他の造園家と異なった点は、風景式庭園の著作を多数残したことである。1795年には、『風景式庭園のスケッチとヒント』を、さらに1803年には、『風景式庭園の理論と実際に関する考察』をまとめている。その後も風景式庭園に関する本を出版し続けた。

レプトンの手掛けた作品は、小規模なものが多く、しかも庭園内の一部の改造が主たるものであったようで、代表作品と呼ばれるものが多くはない。しかし、ケント、ブラウンが継続的に造園を行い、1762年にレプトンによって改修された「ホークハム・ホール庭園」では、改修後にグロット（庭園の装飾としての洞窟）や、魚釣りのための池、船を池に浮かべるための渡し場、船頭のための小屋などが配置され、実にユニークなものであった。これは彼の代表作と呼んでもよいであろう。

14 欧米における公園緑地の展開

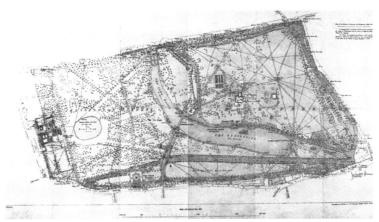

15. ハイドパーク平面図

　欧米における公園緑地は、19世紀に誕生した。しかし、その発展の在り方は、各国、各都市一様ではない。ここでは、佐々木邦博氏の欧米造園に関する詳細な整理をもとに、特にイギリス、フランス、ドイツについて概観しつつ、さらにアメリカにおける公園緑地の展開をみていく（佐々木邦博「西洋造園の歴史」「公園緑地の流れ」『庭園史をあるく　日本・ヨーロッパ編』1998年）。

イギリスにおける公園の誕生

　イギリスでは、18世紀後半から相次いで都市の周囲に工場が建設され始め、工業都市が形成され、人口も急増していった。いわゆる産業革命である。

　19世紀になるとこの動向はますます顕在化し都市は肥大化の一途をたどった。人口の都市集中と工業都市が増加するにしたがって衛生問題が顕在化し、上下水道の未整備によって異臭を放ち、コレラに代表される伝染病が蔓延して社会問題化した。この結果、そこで新鮮な空気を提供する公園が注目され、公衆衛生の観点から整備が進められることとなったのである。

　ロンドンでは、18世紀からすでに王室所有の大狩猟苑を一般の人たちに使用させていたが、19世紀に入ると王室が所有する「ハイドパーク」「セントジェームスパーク」「ケンジントンガーデン」といった王室庭園も市民に開放された。そして王室の所有地であった土地に新しく「リージェントパーク」が整備されるが、この場所はロンドンの北方にあって、馬車で訪れなければならず、乗馬による利用が中心であったために、利用できた市民は貴族や富裕層に限られていた。

　イギリスの造園家 ジョン・クラウディウス・ラウドン（1783〜1843）は、公園には社会の底辺の人々の精神を向上させる社会資本としての役割があると述べ、一般市民が気軽に利用できる公園の必要性を説いた。1820年代のことである。ラウドンの主張は、大きな社会的関心を呼び、社会資本としての公園施設である「バーケンヘッド

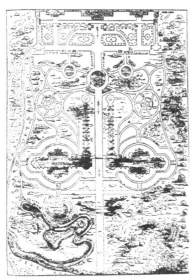
16. ハイドパークにおけるロンドン博覧会会場平面図

17. パクストンが手がけた水晶宮鳥瞰写真（ロンドン博覧会、1851）

18. ジョセフ・パクストン

19. 水晶宮外観

パーク」（1843年完成）がリバプールに設けられた。

バーケンヘッドパークは低湿地で魅力の乏しい場所であった。設計はジョセフ・パクストンである。公園のデザインは中央に幹線道路を挿入することによって敷地を二分し、それぞれの区画に曲線を主体とした池を設け、それぞれ緩やかにカーブする曲線の園路でシークエンス景観を創出しようとするものであった。パクストンは造園家であり、また建築家でもあった。1851年にハイドパークで開かれた万国博で「水晶宮（クリスタルパレス）」を設計したことでも知られる。バーケンヘッドパークは、他の公園のデザインにも大きく影響を与えた。オルムステッドもこの地を訪れ、あらゆる階級の人々が利用している姿を目の当たりにして感銘を受けたという。

パリに形成された公園緑地システム

フランスでは、1789年に始まったフランス革命を契機として、王室や大貴族が所有していた庭園が一般に開放されていった。19世紀に入ると産業革命の影響から、パリでは都市化が進むこととなったが、ここでパリは、都市としての大改造がなされることとなった。それは、中世につくられた曲がりくねった道を幅広い直線の街路とし、その中で公園緑地を計画的に配置しようとする、いわば公園緑地を必要不可欠な都市のシステムとして組み込もうとしたものであった。

1852年、皇帝に即位したナポレオン3世は、パリを擁するセーヌ県知事にジョルジュ・ユージェンヌ・オスマンを任命。オスマンにパリの大改造を命じた。

オスマンはその改造にあたり、道路、上下水道、公園緑地の3体系を関連付けた計画を立てることを重視した。オスマンはこの計画を実行するため公園緑地部門の責任者に、アドルフ・アルファンを任命した。アルファンはオスマンの前任地・ボルドー県の土木技師であったが、オスマンによってパリに迎えられた。アルファンは造園家バリエ・デ・シャンと建築家ガブリエル・ダヴィウを部下として改造を推進した。

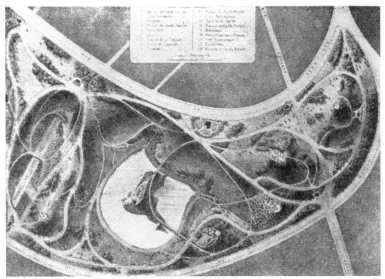

20. ビュットショーモン公園（造園＝アルファン）

　アルファンは「ブローニュの森」「モンソー公園」「ビュットショーモン公園」など多数の公園設計を手掛けたが、公園緑地システムとして、以下のような重要な計画も行ったことを佐々木邦博氏が指摘している（『庭園史をあるく　日本・ヨーロッパ編』1998年）。

① 公園緑地の面積によりカテゴリー：フォレ（森）・パルク（公園）・スクワール（広場）を設けた。
　・フォレ：900ha前後の緑地（ブローニュの森、ヴァンセンヌの森など）
　・パルク：9～25haの公園（モンソー公園、ビュットショーモン公園など）
　・スクワール：0.2～2.5haの小公園（パリに16ヵ所設けられた）
② 公園緑地の配置計画にみる位置関係を詳細に検討した。
　・フォレ：パリの東西に配置
　・パルク：パリの北東、北西、南に適切に配置
　・スクワール：市内に空き地ができ次第、その場所を利用して配置

　また、アルファンは、幅員が20m以上の道路には街路樹を植栽することとし、特に「ブローニュの森」と「ヴァンセンヌの森」を帯状の緑地街路でつなぐ緑地の系統化も試みた。こういった帯状の緑地帯を「ブールバール」という。

ドイツにおけるフォルクスガルテン（フォルクスパルク）の思想

　ドイツにおける緑地整備もまた、産業革命以後に顕在化した。ライプチヒ、ミュンヘン、マンハイム、フランクフルトなどの諸都市では、産業革命によって都市が肥大化し、都市を囲んでいた城壁が18世紀末頃から取り壊されていった。その城壁の跡地が公園化され、環状の緑地帯が造成されたのである。

　このような状況において、哲学者で美学者であったクリスチャン・カイ・ローレンツ・ヒルシュ

21.エングリッシャーガルテン

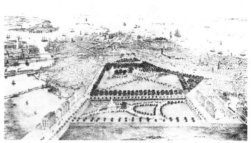
23.ボストン・コモン

22.ペーター・ヨセフ・レンネ

24.マウント・オーバン・セメタリー平面図

フェルトは、社会階級に関係なく人々が自然を享受できる場の必要性を、1777年～82年にわたって発刊した『庭園芸術論』(全5巻)の中で説き、公園施置を主張した。

ドイツにおいて最も早い公園といえるのが、「エングリッシャーガルテン」であった。「エングリッシャーガルテン」(英語ではイングリッシュガーデン)はミュンヘンの都心近くを流れるイザール川沿岸に立地し、娯楽、休養を目的として18世紀末に提案がなされ、1804年から1832年まで長期に渡って工事が行われ完成した。

担当した造園家は、アメリカ人のベンジャミン・トンプソン、ドイツ人のフリードリッヒ・ルドヴィッヒ・スケルで、自然の小川や従来の植生を生かしながら、イギリス風景式の様式によって公園化された。

また、1830年には、もうひとつのドイツの代表的公園として「フリードリッヒ・ウィルヘルムス・パルク」が開園した。この公園はポツダム王宮庭園の園長を務めたドイツの代表的造園家ペーター・ヨセフ・レンネによって、イギリス風景式を基調として設計されたものある。

19世紀に設けられた上記を代表とするドイツの公園は、「フォルクスガルテン」(国民の庭園)というコンセプトにもとづくものであった。フォルクスガルテンとはあらゆる階級の人々が自然を楽しみ、愛国心を育むために国家の偉業、偉人などを題材とした記念碑を設置し、公園における社交を通じて品性を良くさせる人格統治の役割を担ったものである。この考え方は20世紀に至ってルードヴィッヒ・レッサーによって「フォルクスパルク」(国民の公園)へと発展した。フォルクスパルクは万人の健康増進のための多面的レクリエーション空間にあり、学校や博物館等の教育

25. グリーン・ウッド全景図

26. アンドリュー・J・ダウニング

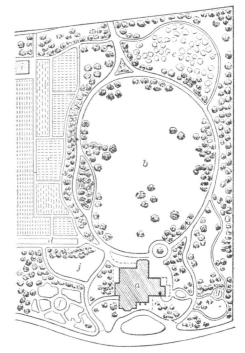

27. 公園設計図（設計=ダウニング）

施設との接続を考慮して位置を定め、各都市にひとつは設けることを企図したものである。

アメリカのセントラルパークとオルムステッド

都市の近代化と公共緑地　アメリカでは、17世紀前期においてすでに、イギリスに端緒を持つコモン・スペース（共有地、供用地）という公共の緑地が存在していた。

コモン・スペースとは、元来、牧草地と樹林を配したものであったが、周囲の都市化にともない園路や並木なども具備した公園的な空間として形成された緑地形態のひとつである。ボストンに1839年に整備されたコモンはパブリック・ガーデンを併設し、都市公園としての役割を担った。

19世紀に入ると、ヨーロッパの公園がイギリス風景式庭園の思想や構成を基軸に都市公園を形成していったのと同様に、アメリカでも風景式による公園緑地のデザインが展開していくこととなった。いわば、ピクチャレスク・スタイルによる環境デザインの始動である。

その初期にあたる事例は、1831年にボストン郊外につくられた「マウント・オーバン・セメタリー」という田園墓地であった。これは高台の自然地形を生かして緩曲線の園路を設定し、池を設けて植栽を配した、極めて美しい公園墓地だった。この墓地が新聞で大きく取り上げられ、社会的関心も高まると、田園墓地はアメリカ各地に普及していった。

主なものでは、フィラデルフィアの「ローレル・ヒル」（1836年）、ニューヨークの「グリーン・ウッド」（1838）、バルチモアの「グリーン・マウント」、ウォーセスターの「ウォーセスター・ルーラル」な

28. カルバート・ボー

29. F.L. オルムステッド

30. セントラルパーク航空写真

どであり、美しいパンフレットなども出されて観光の名所になり、市民の憩いの場ともなっていった。

　田園墓地がアメリカ各都市に整備され、何万と人が押し寄せる状況に着目し、ヨーロッパに比べて公園が不足している点に警鐘を鳴らし、アメリカにも大公園を計画してゆかなければならないと主張する人物が現れた。アメリカ造園界の草分けとして知られるアンドリュー・J・ダウニングである。

　ダウニングの主張は、『イブニング・ポスト』誌編集長であり、詩人でもあったウィリアム・C・ブライアントも公園新設の必要性を新聞で訴え、賛同者が増加して社会現象となり、遂に1853年、ニューヨーク市に「セントラルパーク」を建設するための委員会が設置されたのである。

　しかし、ダウニングはセントラルパークの仕事が緒につくやいなや、ハドソン川で事故死をしてしまう。

セントラルパークの誕生　ダウニングの死と相前後してセントラルパークは、マンハッタン島の中央部に位置するクロトン貯水池付近の200ha（後に328haに拡張）に建設することが決定された。1853〜1856年にかけて土地の取得が行われ、公園所長が公募された。数多くの志願者の中から任命された人物こそ、農業経験と各国の大公園の見聞を豊富に行ってきた34歳の若きフレデリック・ロー・オルムステッドであった。

　オルムステッドが所長に着任した1857年に、市のセントラルパーク委員会は公園の設計を公開の「設計競技」（コンペ）とすることを決定した。

　賞金は1位2000ドル、2位1000ドル、3位750ドル、4位500ドル。応募規定には、公園を横断する4本の道路（馬車道）を設けつつも、公園は全体として一体化すること等が定められた。

　このコンペに対し、ダウニングと親交のあった建築家、カルバート・ボーはオルムステッドをコンペに勧誘し、「グリーンスウォード」（緑の芝

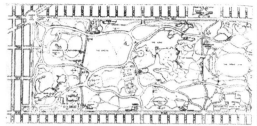

31. セントラルパーク平面図：実施計画案

原）と題する作品を提出した。応募作品35点のうち、オルムステッドとボーの作品は見事1位を獲得。オルムステッドは「セントラルパーク」の技師長と土木技師も兼ねる建設主任に任命されたのである。

南北4.0km、東西0.8kmにおよぶ「セントラルパーク」のプランは、南端のニレノキの4列のモール以外は、曲線の園路で動線計画がなされた。そして東西を横断する馬車道と南北に移動する乗馬道や歩行者道はすべてトンネルによって立体交差を図り、公園を分断することなく、周遊できる点に大きな特色がある。

本公園の最も大きな特色は、オルムステッドがイギリスで見た牧歌的な田園風景を再現すべく、敷地の南側に「シープメドウ」（羊の牧場）と名付けたきわめて広大でのびやかな芝原を確保したことである。そして池、ボートハウス、音楽堂、練兵場、花壇、噴水、塔、樹木園、クリケット場などを設け、北側にはもともとあった岩山を保存しながら周遊できる曲線園路を設けた。

オルムステッドに詳しい進士五十八氏によると、セントラルパークの空間構成上の特色は、以下の5点にあるという（進士五十八『アメニティ・デザイン』1992年）。

① 横断道と園路の立体交差による歩車分離で園内景観の一体化を図る。
② 直線格子の人工都市と対照的にイギリス風景式を模範とした曲線の園路網と樹林形成によって自然性や田園性を都市に導入する。
③ 充分な手入れをした芝生地や厚い境栽（公園と都市とを区切る植栽帯）によって、心から安らぎうる静かで楽しい園地を提供する。
④ 通景線（ビスタ）としてのモール、噴水や彫刻のあるテラス、高台からの展望台など、自然を引き立てるために適度な人工的アクセントを導入する。

32. ボストンパークシステム図

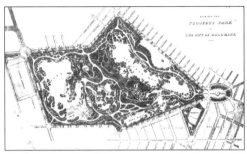
33. プロスペクトパーク平面図

⑤ クリケットや乗馬、ランニングのためのアクティブ・スポーツを許容する施設を適度に配置する。

オルムステッドという人物　「セントラルパーク」を設計したオルムステッドは、この仕事を通して、自然と人間の調和やそのための具体的デザインを追及する新しい分野が必要である、との結論に達した。そして彼が命名したこの分野こそ、「ランドスケープ・アーキテクチュア」である。

オルムステッドは1822年にアメリカ・コネチカット州で生まれ、農業、船員、新聞記者、出版社員などさまざまな職を経験した人物である。セントラルパークの設計に携わって以後は、100を超える環境設計を手掛けた。

オルムステッドの主要公園作品には、「セントラルパーク」のほか、ニューヨークの「プロスペクトパーク」、ボストンの「フランクリンパーク」があり、オルムステッドの3大傑作と言われている。

また、都市計画でも手腕を発揮した。具体例にはボストンのパークシステム（1896）やイリノイ州のリバーサイド住宅地計画（1869）が挙げられる。

特にボストンのパークシステムは、「エメラルド・ネックレス」と市民から親しまれている公園緑地のネットワーク計画であり、「ボストン・コモン」「コモンウエルス・アベニュー」「バックベイ・フェンス」「マディ・リバー」「ジャマイカ・ポンド」「アーノルド樹木園」「フランクリンパーク」といった処々の緑地帯を、公園道路で連絡するという大規模な都市緑地計画であり、我が国の東京緑地計画などにも大きく影響した。

また、オルムステッドの設計事務所からはチャールズ・エリオットやジョージ・ケスラーなど、アメリカの近代ランドスケープを牽引する造園家を輩出したことも注目される。

さらに彼は、ヨセミテ渓谷の保全計画（1864）やナイアガラの滝の保全計画（1869～1885）にも関与しており、そのままの自然を保存するとい

34.ヨセミテ渓谷

35.アメリカの国立公園分布図

う「新しい公園概念」を提案した。これが日本のみならず世界各国の自然保護・風景保護に大きな影響を及ぼしたナショナル・パーク（国立公園）という制度へと発展するのである。まさに、庭園・公園・都市・自然に至るすべてのフィールドで、オルムステッドは造園家としての重要な足跡を残したということができる。

進士五十八氏は著書『アメニティ・デザイン』の中で、ランドスケープ研究者のアルバート・ファインによるオルムステッドの思想について、次の5点を強調している。これは造園の本質にも関わるものであり、以下に記しておく。

① ランドスケープ・アーキテクチュアが文明史的意義を持つのは、「人間のあらゆる面に影響を及ぼす都市の無方針な成長と産業化の力への対策」としてであること。
② ランドスケープ・アーキテクチュアの目標のひとつは、国民が必要とする社会的な施設（例えば都市の公園や緑地系統、国立公園、パークウェイ、郊外住宅地、大学キャンパスなど）を、それぞれの土地と調和するように創設すること。
③ ランドスケープ・アーキテクトは、歴史というものに充分な理解と関心を持っていなければならず、元来「社会計画家」（social planner）であるべきこと。
④ 産業化の最悪の面のひとつは、人工的要素を既存の環境の中に持ち込むことで、これに対抗するには自然（植物）材料を活用するのが有効で、ランドスケープ・アーキテクトは元来「科学的百姓」（scientific farmer）とでも呼ぶべき自然に関するエキスパートでなければならない。
⑤ ランドスケープ・アーキテクチュアの目指す環境は、様々な専門家の相互努力の結果できるのであり、ランドスケープ・アーキテクトは機械、土木、構造、建築、園芸、植物など、多彩な分野のエキスパートと極めて高いレベルで交流できる（話が分かる）程度の勉強が必要である。

15　モダニズム思潮とアメリカン・ランドスケープ

モダニズムとの出会い—パリ万博

　世界のデザイン潮流がダダやデ・ステイルに代表される機能主義、合理主義へ移行した1920年代以降は、ランドスケープデザインにも、こういったモダニズム思潮が大きく影響した。モダニズムの流れにおいてランドスケープデザインが実体的な空間として現れたのは、1925年に開催されたパリ万博と考えられている。

　パリ万博は、「アールデコとインダストリアルモダン博覧会」といわれ、近代工業技術と装飾芸術を主題とした。建築、家具調度、衣装・装身具、教育の展示テーマのほか、劇場・通り・庭園の芸術という展示テーマも設けられていた。ここでは博覧会展示という仮設物という性格から、視覚的かつ抽象的な側面が重視され、様式・形態・材料のいずれにおいても、これまでの様相とは趣を異にした庭園が展示された。

　例えば、マレ・ステヴァン、マルテル兄弟のデザインによる庭園では、直線の幾何学的な構成を基調としつつ、コンクリート造の樹木を配置したものであり、その樹木もキュビズムの影響を受けたデフォルメされた異質的なものであった。

　また、「光と水の庭」と題されたガブリエル・ゲブレキアンの出展作品は、三角形の敷地形態を反復させるという手法を展開し、アンドレ・ベラとポール・ベラ兄弟によって提案された庭園は、床面に鏡を用い、観る者が移動することによって床面の像が変化する、という特異なデザインを展開した。コンクリートやガラスといった、近代工業技術の代表的材料が庭園に持ち込まれたのである。

　また、パリ万博前年の1924年、パリ郊外につくられたピエール・ルグランによる「ジーン・タシャール邸庭園」は、線の分割、多角形の対置など、近代建築における空間構成原理を庭園に応用した事例として注目される。

　こういったフレンチ・モダニズムの思潮は、アメリカに大きく影響し、トーマス・チャーチ、ジェームズ・ローズ、ガレット・エクボといった、ランドスケープにおけるアメリカン・モダニストを生みだすこととなる。

　以下本節では、アメリカのランドスケープデザイン史の第一人者である宮城俊作氏の著書『ランドスケープデザインの視座』（2001年）で明らかにされたことを概説しておこう。

トーマス・チャーチによるモダニズム初期の住宅庭園

　トーマス・チャーチは、カリフォルニア大学のランドスケープ教育課程（西海岸）と、ハーバード大学のデザインスクール（東海岸）で学んだ人物である。1929年頃から、主にアメリカ西海岸で、小規模な個人庭園を中心にホテル、学校等のデザイン活動を展開した。

　チャーチは、ルネサンス庭園の古典的原理を深い理解を示しつつも、キュビズムやシュールレアリスムに代表される近代美術にも強い関心を抱いた。他の古典的デザイナーと異なっていたのは、地中海沿岸に酷似するアメリカ西海岸の気候風土を忠実に理解し、そのための模範的モデルとしてルネサンス庭園をとらえたと宮城氏は強張する。

　チャーチの設計した庭園は、共通して植栽が単純で空間構成が完結な点に特徴がある。

　宮城氏によれば、これはカリフォルニアの少雨気候のもとでは、植物のための水の量が制約され、維持管理が空間構成の合理化が求められた

36. ドネル邸庭園の平面図
（設計＝チャーチ）

37. ブエナ公園の平面図（設計＝エクボ）

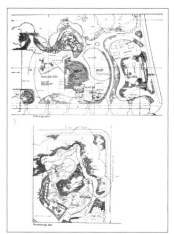
38. サイモンボルバー公園　上＝就学児エリア、下＝未就学児エリア（設計＝エクボ）

めである。しかしチャーチは、空間をコンパクトにしつつも、1939年のゴールデンゲート博覧会で提示した庭園を契機として、直線と曲線を自在に組み合わせたこれまでにない造形を生み出した。モダンランドスケープの新境地を拓いた。彼は、「マーチン邸庭園」（1949）でさらにその地歩を固めた。

ジェームズ・ローズによる造園設計の理論的展開

ジェームズ・ローズは、チャーチ、エクボ、カイリーといったアメリカン・モダニストの中でも、最も鮮明にモダニズムを標榜したランドスケープ・アーキテクトとして知られる。

ローズは1937〜41年の4年間に、20本近くの論文を『Pencil Points』誌や『Arts and Architecture』誌に発表し、古典的なボザール様式のデザイン教育を否定し、時代性に応じたデザインの必要性を唱えた。ここに提起されたローズの主張は、宮城俊作氏により概ね次の3点に集約されている（宮城俊作『ランドスケープデザインの視座』2001年）。

① ボザール理論が絶対とした軸線の否定とキュビズム的な空間認識の適用。
② 空間を塊（mass）ではなく、容量・ボリューム（volume）としてとらえること。
③ ボリュームという概念によって空間を区分し、その組み合わせから全体的な屋外空間の形成を試みるために、構成主義的な絵画や建築の手法を適用すること。

このようなローズの基本姿勢により、設計された空間は、ローズの空間構成原理を詳細に分析した村上修一氏によれば、底面（地面・舗装・水面・地被植物など）、側面（樹木の葉面・壁面・構造物などの垂直な構成要素）、上面（天空、樹木の枝、建築物の屋根など）の空間的な要素に分解し、それぞれの素材や形態を個別に検討した後、再び統合するという検討を重ねていたようである。また、植物材料も設計にあたって規格化した点も、ローズのモダニストとしての姿勢を表したものといえる。この延長として、ローズが世に提案したのがモジュラー・ガーデンである。

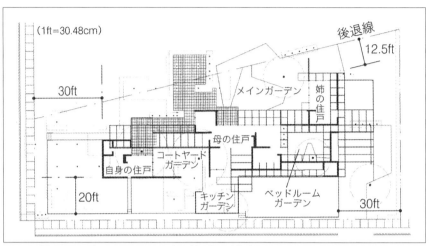

39. ローズ邸の平面図／リッジウッド、1953年、村上修一氏作成

　宮城氏によればモジュラー・ガーデンとは舗装や水盤を3フィート（約90cm）四方のパネルにし、同じモジュールで植桝、シェルター、フェンスを配置するものである。ひとつひとつの部品は規格性が高いが敷地規模・形状によって組み合わせが自由で可変性に富むシステムである。このようなモダンデザインのシステムを具体的に応用したものが、1953年に完成した自邸「ローズ邸庭園」であった。

ガレット・エクボの作品にみる抽象絵画の影響

　ガレット・エクボは教育と実践の両面で、アメリカのみならず日本の造園界にも強い影響を及ぼした人物である。庭園、公園、都市計画、風景地計画に手腕を発揮したエクボであるが、彼の初期の住宅庭園の作品は、素材と平面プランに独特のアイデアを持つものであった。それはローズと同様に、ボザールを否定し、キュビズム的な空間認識から導かれた曲線や直線を応用したものであった。またエクボは、デザインに用いる材料を、土、岩石、水などの「重力材料」、植物や工作物を「反重力材料」として分類した。金属やプラスチックといった反重力材料は、重力の制約から解放され、自由に空間を構成することができるという点で、空間全体も構成主義的なパターンを重視する方向に傾倒していった。

　エクボのこうした考え方は、1930年代後半から40年代にかけて顕著に見られる。例えば、1945年完成の「バーデン邸庭園」では、カンディンスキーの絵画「コンポジション8」と酷似するように円形のプール、車寄せ、楔形の植え込み、直線と曲線を組み合わせた自立壁によって空間が構成され、1939年完成のグリッドリーの小公園では、高木と低木とを直線に列植することによって空間を構成したが、さながらその平面プランはピエト・モンドリアンのデ・ステイルにも通じるものであった。

　アメリカのランドスケープにおけるモダニズムは、彼ら3人によって先鞭が付けられ、その後、グリッドを基調としたダン・カイリー、公共空間のランドスケープに手腕を発揮したヒデオ・ササキが後に続いた。

16 近代ランドスケープ遺産保全の現在

文化庁による近代造園の名勝指定

文化財保護法の制定　文化庁では、建造物や書籍・典籍、遺跡、民俗文化などを「文化財保護法」によって法的な保護を行っている。中でも、庭園や公園は、文化財の類型では「記念物」に分類され、この中でも価値が高いものは、「名勝」という枠組みで法的指定を受ける。

名勝とは、「庭園、橋梁、峡谷、海浜、山岳その他の名勝地で我が国にとって芸術上又は観賞上価値の高いもの」と定義されている。この名勝は、指定基準において自然的名勝と人文的名勝とを含むものであるが、庭園、公園は人文的名勝に分類され、「芸術的あるいは学術的に価値が高いもの」を指定するものである。そして近年、近代のランドスケープ遺産、すなわち近代の庭園や公園が文化財として保護を拡充する動きが高まっている。

その方針は、「当面重点をおいて指定する記念物について（平成10年9月、記念物課）より「名勝について」（平成21年6月改訂）に、「近代以降に作庭又は開園された庭園・公園のうち、時代の特色を表して優秀であると認められるもの」と示される。このことは、文化庁が平成18年（2006）に公表した「名勝としての庭園および公園の保護」（月刊『文化財』511号）により具体的に示される。ここでは、「当面して保護の措置を講ずべき庭園（公園を含む）」として、①京都の庭園　②独特の風土に基づく庭園　③地下から発見された庭園　④新しい時代の庭園　⑤有機的な関係をもつ一群の庭園　⑥名勝庭園に関連する史料等の保護　⑦公園の保護、の7つを挙げている。

さらに文化庁は、平成24年（2012）6月に『近代の庭園・公園等に関する調査研究報告書』をまとめ、近代の庭園や公園等の全国的な所在調査を実施し、重要事例の選定と価値の評価及び保護の方法について検討を加えた。

新しい時代の庭園　近代以降の新しい時代の庭園については、江戸時代以前の庭園と比較すると、数多くのものが現存している。しかし、ある意味、近代の庭園は文化財としての価値評価が定まっていないことから、都市開発や所有者の変更によって、失われやすいともいえる。

そこで文化庁では、その重点的な保護に取り組み始めた。庭園の評価にあたっては、意匠・構造の観点だけではなく、作庭の施主となった人物像、作庭に携わった技能者集団、同時代庭園の類例検討、石材など造園材料の調達範囲など、多面的な観点から総合的に評価し、指定を進めることとしている。

平成10年（1998）以降、指定されたものとしては、亀甲形の敷地に屋敷林をともなって庭園が造営され、近代の重要な造園家・長岡安平が設計を行った「池田氏庭園」（秋田県大仙市）、酒造業の水源と池の導水との両機能を具備した洞穴が特色となる「齋藤氏庭園」（宮城県石巻市）、北海道固有の岩石や植物を用いた「旧岩船氏庭園（香雪園）」（北海道函館市）、明治政府の御雇外国人として来日したジョサイア・コンドル設計の洋館と洋庭が現存する「旧古河氏庭園（旧古河庭園）」（東京都北区）セメントモルタル製の擬木・擬石をふんだんに使った琴ノ浦温山荘庭園（和歌山県海南市）などが挙げられる。

文化庁による近代以降の庭園の指定については、基本的に作庭の行為が完了してから50年を経過していることを標準としている。現在、昭和20年代までに作庭された庭園を対象とするなど、時代は下りつつある。また、近い将来には戦後の

作庭家による一連の作品についても、当該作庭家の活動が停止し、その作風について評価が定まった時点で、適切に保護の措置を講ずることとしている。これは飯田十基、中島健、荒木芳邦、井上卓之などの作品を射程しているものと思われる。

公園の保護　大正〜昭和前期の史跡名勝天然記念物保存法により名勝に指定された公園には「円山公園」（京都府京都市）、「奈良公園」（奈良県奈良市）、「鞆公園」（広島県福山市）「琴弾公園」（香川県観音寺市）の例がある。ただし近年では、近代以降に開設された公園として「山手公園」（神奈川県横浜市）や「再度公園」（兵庫県神戸市、文化財名称は再度公園・再度山永久植生保存地・神戸外国人墓地）などが名勝に指定されている。

文化庁では、都市および地域空間の中核をなす公園や緑地の中でも、風致が優秀で芸術上または観賞上の価値が高く、公園史上重要なものについて指定を推進することとしている。

特に公園史上の価値をとらえるにあたっては、①江戸時代に遊観地として解放され、事実上公園地としての役割を果たしていた土地・場所（郊外散策地、社寺境内、群衆有楽地、観賞園地など）のほか、②近代以降に新たに開設された公園等で、太政官付達第16号にもとづき開設されたもの、東京市区改正条例にもとづき開設されたもの、明治初頭の外国人居留地に関連して開設されたもの、関東大震災の復興を契機として開設されたものなどに注目して保護をすることとしている。

登録文化財制度と近代造園

登録文化財制度とは、文化財保護法により、届出制の緩やかな規制のもとに、文化財を保護してゆこうとするものである。平成8年（1996）以来、有形文化財の中でも建造物のみを対象として、取り組みが進められてきた。ところが平成16年（2004）の文化財保護法の改正によって、記念物についても適用が拡大されることとなり、登録記念物（名勝地）として、広く近代造園についても保護措置を講ずることが可能となった。

登録記念物（名勝地）は原則として、造成後50年を経過したものを対象とし、①造園文化の発展に寄与しているもの　②時代を特徴づける造形をよく遺しているもの　③再現することが容易でないもののいずれかに該当していることが求められる。

また、近代造園の種類については、次の①〜③に該当するものを主たる対象として、登録を行うこととしている。

① 近代以降の庭園で、芸術上または観賞上の価値評価が定まっていないために、適切な保護措置がとられることなく、消滅の危険性にさらされているもの。
② 公園・並木道・広場など造園的な構成および素材をもち、地域空間の骨格をなすもののうち、現代的な利活用との調整を要することが多く、緩やかな規制のもとに保護を図ることが適切と認められるもの。
③ 休養・娯楽・行楽・学習・教育等の諸活動を通じ、人間の自然観の醸成または空間の創造において重要な意義をもち、以て造園文化の発展に寄与している人文的または自然的な名勝地で、芸術上または観賞上の価値評価が定まっていないために、適切な保護の措置がとられることなく、消滅の危険性にさらされているもの。

日本造園学会による近代造園の保存の取り組み

日本造園学会では、学術側面から近代造園の保存についての取り組みを行ってきた。ただしこれは、近代に限定したものではなく、より多様な「ランドスケープ遺産」としての保護の取り組み

である。

　同会がランドスケープ遺産の保全に積極的に取り組み始めたのは、バブル景気の渦中であった。このころは、「瀬戸大橋」（1988年開通）の影響で「栗林公園」の所在する高松市内に高層ビルが林立したことによって露呈した庭園の景観破壊、江戸東京の名所かつ太政官制公園のひとつでもある「品川御殿山」および周辺の再開発問題、「オーストラリア大使館（旧蜂須賀侯爵邸）」の建替えによる江戸時代庭園の改造など、国土開発や都市集中にともなう歴史的庭園や風致景観の破壊が緊急事態に陥ったことと大きく関係している。

　上記問題の頻出に直面し、同会は「ランドスケープ遺産保全委員会」（平成元年度設置）を中心として破壊や消失の危機に瀕した遺産について、保全のための要望活動を展開した。これまで本会が要望等を行ったものには、「平城京左京三条二坊六坪『宮跡庭園遺跡』の保存に関する要望書」（1989）、「和歌の浦の歴史的景観の保全と再生に関する要望について」（1992）、「旧岩崎久弥邸付属庭園の保存に関する要望書」（1994）などがあり、近年では、「文京区立元町公園の保存に関する要望書」（2006）、「旧斎藤家夏の別邸庭園の保全に関する要望書」（2007）が、記憶に新しい。

　これらは、迅速かつ時宜を得た対応によって相当程度の成果を上げてきた。その一方で、問題が発生してからの後手の対応であったことも否めない。

　このような状況を背景として、ランドスケープ遺産研究委員会では、平成13年度（2001）から5回にわたる全国大会分科会でランドスケープ遺産の概念や類型などについて多角的に検討し、「近代ランドスケープ遺産の保全に関する提言」（2006年9月30日）をまとめ、「近代ランドスケープ遺産に関する目録の作成推進」が急務であることを示した。本提言を受けて平成20年度第5回理事会（2009年4月18日）では、学会設立90周年事業として"全国に所在する「造園遺産」の把握と公表に関する事業"に着手することを決定した。その後、平成21年度全国大会「造園遺産インベントリーづくりの方向を考える」分科会の中で、「造園遺産」をより多様な広がりを表す「ランドスケープ遺産」に変更し、我が国のランドスケープ遺産を網羅的に収集し、総覧的なインベントリーにまとめるという体系的な遺産保全活動への第一歩が始動したところである。これは各種の遺産の保全を検討していくとき、その対象となるのは"抽象的な遺産の概念"ではなく、"現存する具体的な個々の遺産"であるという認識に立ったものといえる。

　他方、関連学会のインベントリー作成に関する取り組みには、例えば日本建築学会の『日本近代建築総覧』（1980）や「歴史的建造物目録データベース」、土木学会の『日本の近代土木遺産』（2001、改訂版：2005）などがあり、遺産としての認定制度とともに、物件の保存に関して一定の効果を上げている。これら建築・土木分野で収集された遺産は、ほぼすべてが「作品化された遺産」（建築作品、土木作品）である。ただし、造園が取り組むべきインベントリーづくりの方向性は、建築・土木分野とは異なり、作品として意匠された空間（庭園・公園など）のみならず、生活・生業としての景観（農山漁村や観光地などの風景・景観）、自然景観（地質鉱物や植物などによって形成された風景・景観）も含まれ、造園分野としての独自性、空間的・時間的対象の多様性を示すことが必要となる。

　現在、ランドスケープ遺産のインベントリーの作成については、学会の6支部（北海道支部、東北支部、関東支部、中部支部、関西支部、九州支部）を中心に進められている。

『近代造園史』参考文献

本書全体を通じて参考としたもの
・丸山宏『近代日本公園史の研究』思文閣出版、1994年
・白幡洋三郎『近代都市公園史の研究―欧化の系譜―』思文閣出版、1995年
・東京農業大学造園科学科編『造園用語辞典　第三版』彰国社、2011年
・前島康彦『東京公園史話』東京都公園協会、1989年
・日本公園百年史刊行会編『日本公園百年史』日本公園百年史刊行会、1978年
・佐藤昌『日本公園緑地発達史』都市計画研究所、1977年

1. 近代という時代　＝近代造園史が対象とする時代＝
　　・財団法人都市計画協会（編集・発行）『近代日本都市計画年表』1991年
　　・鈴木勤編『日本歴史シリーズ　第18巻　明治維新』世界文化社、1968年
　　・太田博太郎監修『日本建築様式史』美術出版社、1999年
　　・藤森照信『日本の近代建築（上・下）』岩波書店、1993年
　　・東京都造園建設業協同組合25周年記念誌編集委員会『緑の東京史』思考社、1979年
　　・川添登・高見堅志郎『近代建築とデザイン』社会思想社、1965年

2. 太政官制公園の誕生
　　・田中正大『日本の公園』鹿島出版会、1974年
　　・坂本新太郎監修『日本の都市公園―その整備の歴史』インタラクション、2005年
　　・前島康彦『東京公園史話』東京都公園協会、1989年
　　・日本公園百年史刊行会編『日本公園百年史』日本公園百年史刊行会、1978年
　　・鈴木博之『日本の近代10　都市へ』中央公論新社、1999年
　　・進士五十八『アメニティ・デザイン―ほんとうの環境づくり』学芸出版社、1992年

3. 西欧文化の伝来と洋風造園の登場
　　・鈴木誠「長崎出島オランダ商館庭園の形態変遷」『造園雑誌第56巻第5号』1992年
　　・長崎市出島史跡整備審議会『出島図―その景観と変遷』長崎市、1987年
　　・久米邦武・田中彰校注『特命全権大使　米欧回覧実記』岩波書店、1996年
　　・針ヶ谷鐘吉『文明開化と造園』東京農業大学出版会、1997年
　　・吉村博道編『函館の古地図と絵図』道映写真、1988年
　　・横浜開港資料館『横浜もののはじめ考　第3版』2010年
　　・粟野隆「近代の庭園」『歴史と地理632号（日本史の研究228号）』、山川出版社、2010年

4. 公園と近代都市、洋風造園の到達点
　　・進士五十八『日比谷公園一〇〇年の矜持に学ぶ』鹿島出版会、2011年
　　・小野良平『公園の誕生』吉川弘文館、2003年

- 田中正大『日本の公園』鹿島出版会、1974年
- 東京都造園建設業協同組合25周年記念誌編集委員会『緑の東京史』思考社、1979年
- 日本公園百年史刊行会編『日本公園百年史』日本公園百年史刊行会、1978年
- 佐藤昌『日本公園緑地発達史』都市計画研究所、1977年
- 金井利彦『新宿御苑』郷学舎、1980年
- 椎原兵市『現代庭園図説』現代庭園図説刊行会、1924年

5. 近代造園学の誕生
- 西村公宏「明治期，大正前期における東京帝国大学本郷キャンパスの外構整備について」『ランドスケープ研究第60巻第5号』1997年
- 東京農業大学地域環境科学部造園科学科編『東京農業大学地域環境科学部造園科学科九十年史』2014年
- 東京農業大学地域環境科学部造園科学科編『東京農業大学地域環境科学部造園科学科八十年史』2004年
- 上原敬二『人のつくった森―明治神宮の森「永遠の杜」造成の記録』東京農業大学出版会、2009年
- 宮城俊作『ランドスケープデザインの視座』学芸出版社、2001年
- 内務省神社局編『明治神宮造営誌』1930年
- 明治神宮奉賛会『明治神宮外苑志』1937年
- 田阪美徳・前島康彦編『折下吉延先生業績録』折下先生記念事業会、1967年

6. 東京の都市計画と近代造園
- 越澤明『東京の都市計画』岩波書店、1991年
- 越澤明『東京都市計画物語』筑摩書房、2001年
- 越澤明『後藤新平：大震災と帝都復興』筑摩書房、2011年
- 田阪美徳・前島康彦編『折下吉延先生業績録』折下先生記念事業会、1967年
- 越澤明『復興計画 - 幕末・明治の大火から阪神・淡路大震災まで』中央公論新社、2005年
- 前島康彦編『井下清先生業績録』井下清先生記念事業委員会、1974年
- 進士五十八・吉田恵子「震災復興公園の生活史的研究」『造園雑誌第52巻第3号』1989年
- 坂本新太郎監修『日本の都市公園―その整備の歴史』インタラクション、2005年
- 前島康彦『東京公園史話』東京都公園協会、1989年
- 日本公園百年史刊行会編『日本公園百年史』日本公園百年史刊行会、1978年
- 東京都造園建設業協同組合25周年記念誌編集委員会『緑の東京史』思考社、1979年
- 新谷洋二・越澤明監修『都市をつくった巨匠たち ―シティプランナーの横顔―』ぎょうせい、2004年

7. 京阪神の都市計画と近代造園
- 椎原兵市氏の業績と作品出版委員会『椎原兵市氏の作品と業績』1966年
- 大阪市天王寺動物園『大阪市天王寺動物園70年史』大阪市天王寺動物園、1985年
- 芝村篤樹『都市の近代・大阪の20世紀』思文閣出版、1999年

- 橋爪紳也『にぎわいを創る近代日本の空間プランナーたち』長谷工総合研究所、1995年
- 清水正之「論客 大屋霊城：初代の緑の都市計画家」『ランドスケープ研究第60巻第3号』1997年
- 平井昌信『先達あり友ありて今』1995年
- 日本公園百年史刊行会編『日本公園百年史』日本公園百年史刊行会、1978年
- 佐藤昌『日本公園緑地発達史』都市計画研究所、1977年

8. 戦後の造園・ランドスケープの展開
    - ランドスケープ現代史研究会『ランドスケープ現代史概報第1巻』2007年
    - 日本造園学会編集委員会「ランドスケープ現代史―戦後復興の創造力―」『ランドスケープ研究第76巻第2号』2012年
    - 坂本新太郎監修『日本の都市公園―その整備の歴史』インタラクション、2005年
    - 日本造園学会関東支部歴史・原論部会「造園職能形成史1945―1960施工業界の戦後」『造園雑誌第57巻第1号』1993年
    - 児童施設研究会『こどものあそびば計画・設計のすべて』1964年
    - 日本住宅公団『日本住宅公団10年史』1965年
    - 日本造園設計事務所連合「日本の造園設計のあゆみ」『ランドスケープジャーナル第7号』1982年
    - 宮城俊作『ランドスケープデザインの視座』学芸出版社、2001年
    - 近代造園研究所『Landscape Design '62⇔'64近代造園研究所』1964年
    - 進士五十八『ランドスケープを創る人たち』プロセスアーキテクチュア、1994年
    - 池原謙一郎『園をつくる』池原謙一郎先生の退官をお祝いする会実行委員会、1992年

9. 自然・風景保護と風景地計画の黎明
    - 平凡社編『別冊太陽 人はなぜ山に登るのか日本山岳人物誌』1998年
    - 幸田露伴・泉鏡花・河東碧梧桐・北原白秋・菊池幽芳・吉田絃二郎・田山花袋・高浜虚子『日本八景―八大家執筆』平凡社、2005年
    - 田中正大『日本の自然公園 自然保護と風景保護』相模書房、1981年
    - 関戸明子『近代ツーリズムと温泉』ナカニシヤ出版、2007年
    - 安島博幸・十代田朗『日本別荘史ノート―リゾートの原型』住まいの図書館出版局、1991年
    - 平凡社編『別冊太陽 日本の別荘・別邸』2004年

10. 日本近代テーマパーク行脚
    - 吉田光邦『改訂版万国博覧会―技術文明史的に』日本放送出版協会、1985年
    - 吉田光邦編『図説万国博覧会史』思文閣出版、1985年
    - 中藤保則『遊園地の文化史』自由現代社、1984年
    - 橋爪紳也『日本の遊園地』講談社、2000年
    - 内山正雄・蓑茂寿太郎『東京の遊園地』郷学社、1981年
    - 平凡社編『別冊太陽 日本の博覧会―寺下勍コレクション』2005年
    - 佐藤昌監修『高村弘平 一造園家の足跡』高村弘平刊行委員会、1991年

- 小林一三『小林一三　逸翁自伝』日本図書センター、1997年
- 東京都恩賜上野動物園編『上野動物園百年史』東京都生活文化局広報部都民資料室、1982年
- 橋爪紳也『にぎわいを創る近代日本の空間プランナーたち』長谷工総合研究所、1995年
- 戸野琢磨『造園の計画と設計』鹿島出版会、1970年
- 初田亨『百貨店の誕生―都市文化の近代』筑摩書房、1999年

11. 日本近代庭園通覧（前編）、12.（後編）
- 加藤允彦・仲隆裕・佐々木邦博・尼崎博正・武居二郎『庭園史をあるく―日本・ヨーロッパ編』昭和堂、1998年
- 粟野隆「近代の庭園」『歴史と地理632号（日本史の研究228号）』、山川出版社、2010年
- 神代雄一郎編『日本の庭園〈7〉現代の名庭』講談社、1980年
- 相賀徹夫編『探訪日本の庭〈別巻2〉現代の名庭』小学館、1979年
- 澤田忍編『庭ＮＩＷＡ225号』建築資料研究社、2016年
- 粟野隆「日本近代・現代の「名庭園」の系譜」『庭ＮＩＷＡ230号』、建築資料研究社、2018年
- 尼崎博正編『植治の庭―小川治兵衛の世界』淡交社、1990年
- 尼崎博正『七代目小川治兵衛―山紫水明の都にかへさねば』ミネルヴァ書房、2012年
- 鈴木博之『庭師 小川治兵衛とその時代』東京大学出版会、2013年
- 内田青蔵『日本の近代住宅』鹿島出版会、1992年
- 鈴木誠「庭園デザインの系譜」『ランドスケープ大系第3巻　ランドスケープデザイン』技報堂出版、1998年
- 針ヶ谷鐘吉『庭園雑記』、1997年
- 尼崎博正『庭石と水の由来―日本庭園と石質と水系』昭和堂、2002年
- 小野健吉『京都を中心にした近代日本庭園の研究』1998年
- 市川秀和「大正期における田村剛のモダンデザイン思考と庭園改善運動」『ランドスケープ研究第64巻第5号』2000年
- ガーデンライフ出版部編『雑木と雑木の庭』誠文堂新光社、1977年
- 熊倉功夫『近代茶道史の研究』日本放送出版協会、1980年
- 田中正大「近藤正一と明治の庭園」『造園の歴史と文化』養賢堂、1987年
- 粟野隆「近代庭園における和風の革新」『月刊文化財第614号』第一法規、2014年
- 「阪神間モダニズム」展実行委員会編『阪神間モダニズム』淡交社、1997年

13. 欧米における近代造園前史、14. 欧米における公園緑地の展開
- 加藤允彦・仲隆裕・佐々木邦博・尼崎博正・武居二郎『庭園史をあるく―日本・ヨーロッパ編』昭和堂、1998年
- 針ヶ谷鐘吉『西洋造園変遷史―エデンの園から自然公園まで』誠文堂新光社、1977年
- 針ヶ谷鐘吉『西洋造園史』彰国社、1956年
- 進士五十八『アメニティ・デザイン―ほんとうの環境づくり』学芸出版社、1992年
- 岡崎文彬『ヨーロッパの造園』鹿島出版会、1969年
- 佐藤昌『欧米公園緑地発達史』都市計画研究所、1968年

- 若生謙二「ハハーの起源とその変容過程について」『ランドスケープ研究第69巻第5号』2006年
- ペネロピ・ホブハウス（日本語版監修・高田宏、訳・上原ゆうこ）『世界の庭園歴史図鑑』原書房、2014年
- 佐藤昌『フレデリック・ロー・オルムステッド、その一生と業績』日本造園修景協会、1980年
- アルバート・ファイン（黒川直樹訳）『アメリカの都市と自然―オルムステッドによるアメリカの環境計画』井上書院、1983年

15. モダニズム思潮とアメリカン・ランドスケープ
    - 武田史朗・山崎亮・長濱伸貴編著『テキスト ランドスケープデザインの歴史』学芸出版社、2010年
    - マーク・トライブ（三谷徹訳）『モダンランドスケープアーキテクチュア』鹿島出版会、2007年
    - 宮城俊作『ランドスケープデザインの視座』学芸出版社、2001年
    - 村上修一「ジェームズ・C・ローズの空間形態にみる曖昧性」『ランドスケープ研究 第69巻 第5号』2001年
    - 都田徹・中瀬勲『アメリカンランドスケープの思想―ランドスケープ・デザインを志す若人へのメッセージ』鹿島出版会、1991年
    - 針ヶ谷鐘吉『西洋造園変遷史―エデンの園から自然公園まで』誠文堂新光社、1977年
    - 針ヶ谷鐘吉『西洋造園史』彰国社、1956年

16. 近代ランドスケープ遺産保全の現在
    - 平澤毅『名勝地保護施策に関する研究』2016年
    - 日本造園学会編集委員会編「特集 近代ランドスケープ遺産の価値とその保全」『ランドスケープ研究第70巻第4号』2007年
    - 文化庁文化財部監修「特集 庭園の保護」『月刊文化財第511号』第一法規、2006年
    - 平澤毅『文化的資産としての名勝地』国立文化財機構奈良文化財研究所、2010年
    - 近代の庭園・公園等の調査に関する検討会『近代の庭園・公園等に関する調査研究報告書』文化庁文化財部記念物課、201年

掲載資料一覧

1章

1. 「明治天皇の肖像」長崎大学附属図書館所蔵
2. 藤森照信『明治の東京計画』岩波書店、1982年、『日本の近代建築（上 幕末・明治篇）』藤森照信著、岩波新書1993年より転載
3. 「鹿鳴館 明治中期」横浜開港資料館所蔵
4. 「岩倉遣欧使節」国立歴史民俗博物館所蔵
5. 高橋由一油彩画「山形市街図」山形県郷土館「文翔館」所蔵
6. 「東京名所之内 新橋汐留蒸気車鉄道局停車館之真図」京都鉄道博物館所蔵
7. 白鳥省吾編『工学博士 辰野金吾』1936年より転載
8. 博物館 明治村所蔵
9. 「木子清敬写真（洋式礼装）」（部分）東京都立中央図書館特別文庫室所蔵
10. 宮内庁所蔵
11. 13. 15. 藤森照信、初田亨、藤岡洋保『写真集 幻景の東京 大正・昭和の街と住い』柏書房、1998年より転載
12. 「帝都随一の商店街銀座大通」東京都立中央図書館所蔵
14. LE CORBUSIER_+1965「Dom-ino system」©F.L.C./ADAGP,Paris & JASPAR,Tokyo,2018 G1431 太田博太郎監修『カラー版 日本建築様式史』美術出版社、2003年より転載
16. 岡山鳥編［他］『江戸名所花暦.春、夏』博文館、1893年
17. 秋里籬島編『東海道名所図会 下冊』吉川弘文館、1910年
18. 19. 斎藤長秋編［他］『江戸名所図会』博文館、1893年
20. 松亭金水解説［他］（菊屋三郎［他］）『絵本江戸土産』
21. 景山致恭、戸松昌訓、井山能知編『江戸切絵図 下谷絵図』尾張屋清七、1849～1862
23. 「礼装のボードイン博士」（部分）長崎大学附属図書館所蔵
24. 上野清水堂「名所江戸百景」東京都公園協会所蔵
25. 東京都公園協会所蔵
26. 「出島阿蘭陀商館（絵葉書）」長崎歴史文化博物館所蔵
27. 川原慶賀「出島図」（江戸時代後期）長崎歴史文化博物館所蔵
28～31. 久米邦武編『米欧回覧実記』博聞社，1878年
32. 「山手公園」横浜開港資料館所蔵
33. 「横浜公園の平面図」横浜開港資料館所蔵
34. 絵葉書、筆者所蔵
35. 「横浜高台英役館之全図」神奈川県立歴史博物館所蔵
36. 「函館公園全図」函館市中央図書館所蔵
37. 「グラバー庭園のグラバーたち」長崎大学附属図書館所蔵
38. 歌川国輝（2代目）「東都築地保弖留館海岸庭前之図」差配所蔵板、1867年、東京都中央区立郷土天文館「タイムドーム明石」所蔵
39. 小野良平『公園の誕生』吉川弘文館、2003年より転載
40. 田中正大『日本の公園』鹿島出版会、1974年より転載
41. 43～46. 東京都公園協会所蔵
42. 「本多静六博士 肖像」久喜市所蔵
47. 絵葉書、筆者所蔵
48. 日本園芸研究会『明治園芸史』有明書房、1975年（復刻）より転載
49. 筆者所蔵
50. 52. 55. 椎原兵市『現代庭園図説』現代庭園説刊行会、1924年より転載
51. 環境省新宿御苑管理事務所所蔵
53. 宮内庁所蔵、鈴木博之監修『皇室建築内匠寮の人と作品』建築画報社、2005年より転載
54. 西村公宏「明治期、大正前期における東京帝国大学本郷キャンパスの外交整備について」『ランドスケープ研究VOL.65 No.5』造園学会、2006年より転載
56. 佐藤昌『日本のランドスケープアーキテクト 原煕の足跡』長谷木、2001年より転載
57. 65. 66～69. 『東京農業大学 造園学科六十年史』東京農業大学造園学科六〇周年記念名簿刊行会、1984年より転載
58. 東京大学農学部森林風致計画学研究室所蔵
59. 60. 前島康彦編『折下吉延先生業績録』折下先生記念事業会、1967年より転載
61. 東京農業大学地域環境科学部造園科学科編、上原敬二著『改訂版 人のつくった森 明治神宮の森〔永遠の杜〕造成の記録』東京農大出版会、2009年より転載
62. 64. 絵葉書、筆者所蔵
63. 『造園学雑誌』1926年より転載

2章

1～3. 横山信二他編『復興公園寫真』1931年より転載
4. 5. 「元町公園平面図」東京都公園協会所蔵
6. 前島康彦編『井下清先生業績録』井下清先生記念事業委員会、1974年より転載
7. 前島康彦著、東京都公園協会編『東京公園史話』1989年より転載
8. 佐藤昌『日本公園緑地発達史 上巻』都市計画研究所、1977年より転載
9～11. 東京都公園協会所蔵
12. 13. 15. 16. 『椎原兵市の業績と作品』椎原兵市の業績と作品出版委員会、1966年より転載
14. 『建築と社会 第17輯 第4号』日本建築協会、1934年より転載
17. 19. 大屋霊城『計量・設計・施工公園及運動場』裳華房、1930年より転載
18. 橋爪紳也『にぎわいを創る近代日本の空間プラン

ナーたち』長谷工総合研究所、1995年より転載
20. 『日本住宅公団10年史』日本住宅公団、1965年より転載
21. 日本造園設計事務所連合『ランドスケープ・デザイン'72』1972年より転載
22〜24. 小林治人（個人所蔵）
25. 東京都公園協会所蔵
26. 北村信正監修『公共造園篇（1）計画と設計の実際』技報堂、1972年より転載
27. 28. 『LANDSCAPE DESIGN '62〜'64 近代造園設計所作品集』1964年より転載
29. 『日本庭園11号』庭園刊行会、1958年より転載
30〜32. 日本山岳会所蔵
33. 34. 山本三生編『日本地理体系』改造社、1930年より転載
35. 安島博幸・十代田朗『住まい体系044　日本別荘史ノート』住まいの図書館、1991年より転載

3章
1. 「第五回内国勧業博覧会眞景」乃村工藝社所蔵
2. 3. 京都大学人文科学研究所所蔵
4. 5. 12. 13. 19. 絵葉書、筆者所蔵
6. 東京農業大学造園学科編『戸野琢磨先生の著作』1983年より転載
7. 戸野琢磨『造園の計画と設計』鹿島出版会、1970年より転載
8. 9. 佐藤昌『高村弘平—造園家の足跡』高村弘平刊行委員会、1991年より転載
10. 25. 橋本八重三、『植木屋の裏おもて』六合館、1930年
11. 橋本庭園工務所『公園と遊園地 設計・施工案内』（パンフレット）より転載
14. 「昭和7年に完成したサル山」東京動物園協会所蔵
15. 環境省新宿御苑管理事務所所蔵
16. 17. 藤森照信、初田亨、藤岡洋保『写真集 幻景の東京　大正・昭和の街と住い』柏書房、1998年より転載
18. 日本園芸研究会『明治園芸史』有明書房、1975年（復刻）より転載
20. 21. 33. 38. 40. 近藤正一『名園五十種』博文館、1910年より転載
22. 東京農業大学所蔵
23. 筆者所蔵
24. 東京大学大学院工学系研究科建築学専攻所蔵
26. 『椎原兵市の業績と作品』椎原兵市の業績と作品出版委員会、1966年より転載
27. 28. 内田青蔵監修『建築工芸叢誌』柏書房、2006年（復刻）より転載
29. 『住宅と庭園 第1巻 第2号』住宅と庭園社、1934年より転載
30.（上）『庭園 第4巻 第6号』庭園協会、1922年
　　（下）『庭園 第5巻 第1号』庭園協会、1923年より転載
31. 椎原兵市『現代庭園図説』現代庭園園説刊行会、1924年より転載

32. Getty Images提供
34. 37. 39. 湯本文彦『京華林泉帖』京都府廳、1909年より転載
35. 重森三玲『日本庭園史図鑑　第19巻』有光社、1937年より転載
36. 個人所蔵
41. 松本家所蔵
42. 43. 江夏庭苑事務所所蔵
44. 『揚輝荘主人遺構』竹中工務店大阪本店、1932年より転載
45. 47. 筆者撮影
46. 東京都公園協会所蔵
48. 上原敬二『新しい室内庭園』金星堂、1932年
49. 西田富三郎『新時代の庭園と住宅』太陽社書店、1934年
50. 清水一、北村徳太郎『高等建築學 Vol.14 建築計書 住宅アパートメントハウス　庭園』常磐書房、1933年より転載
51. SD編集部編『現代の建築家 堀口捨己』鹿島出版会、1983年より転載
52. 53. ©渡辺義雄 SD編集部編『現代の建築家 堀口捨己』鹿島出版会、1983年より転載
54〜56. 重森庭園設計研究室所蔵

4章
1. ストウ園にみるハハーの変遷　若生謙二『ハハーの起源とその変容過程について』『ランドスケープ研究 Vol.69 No.5 p.352』日本造園学会、2006年
2〜6. 8〜12. 16. 17. 20. 27. 30. 31. 34. 35. 針ヶ谷鐘吉『西洋造園史』彰国社、1956年より転載
7. 13. 14. 武居二郎・尼﨑博正 監修『庭園史をあるく—日本・ヨーロッパ編』昭和堂、1998年
15. 18. 21. 22〜25. 28. 佐藤昌『欧米公園緑地発達史』都市計画研究所、1968年より転載
19. 大阪府立中之島図書館所蔵
29. Getty Images提供
32. 33. 進士五十八『アメニティ・デザイン』学芸出版社、1992年より転載
36〜38. 佐藤昌『最新造園設計集』都市計画研究所、1966年より転載
39. 村上修一氏作成

あとがき

「君は、茅町の岩崎邸をやりなさい。」

東京農業大学大学院で修士論文、博士論文のご指導をいただいた進士五十八先生の言葉である。平成11年4月5日、筆者は、大学院の入学式と相前後して岩崎家および三菱関係者の聞き取り調査のため、湯島の岩崎邸庭園現地で調書を作成していた。これが筆者と近代造園との出会いであった。大学院では、一貫して旧岩崎邸庭園の保存・復元を検討してきた。平成16年4月1日に国立文化財機構奈良文化財研究所に入所してからは、日本古代の官衙・寺院の発掘調査に従事するいっぽうで、京都、奈良、和歌山、鳥取などに現存する近代庭園の調査に携わることができた。平成22年4月に研究の場を母校・東京農業大学に移してから今日に至るまで、土日や夏休みを利用して意識の高い学生たちと東京、神奈川、埼玉、新潟、山梨、岩手に残る近代造園の研究調査を推進している。言うなれば、筆者は学生時代からおよそ20年、近代の造園に関わり続けてきたことになる。しかし、調べれば調べるほど、分かることが増えるのと同時に、それ以上に分からないことが増えていったのが、この20年間で得た実感である。

本書の内容は、筆者が東京農業大学造園科学科2年次必修科目「近代造園史」で講じているものであり、造園学を学ぶ学生を始め、造園に関わる専門家、建築、都市計画等の関連分野の学生、専門家にも参考となるように、近代の庭園、広場、公園、遊園地、都市、風景地に関する基本的史実を編成した。ただし、本書の叙述は、筆者が調べたことは微々たるもので、碩学の業績に負うところが多大である。

本書をまとめるにあたって、雑誌『庭NIWA』編集長で本書の編集を担当くださった澤田忍さんにまず第一に深く感謝申し上げる。澤田さんには本書の企画段階で相談に乗っていただき、とりわけ、かなりの点数におよぶ図版の掲載許可や文献の捜索といった極めて煩雑な作業を一手にお引き受けいただいた。また、筆者の企画を前向きに検討くださり、本書を世に出版いただいた建築資料研究社の松本智典さんに御礼申し上げる。

最後に私事になるが、学内外の様々な業務と本書の執筆に忙殺され、私が殆ど家にいる時間を確保することができないなかで、まだ1歳に満たない息子・隆太朗の育児と家事の一切を切り盛りしてくれている妻・真樹子に感謝する。

平成30年盛夏

粟野　隆

【資料】近現代史造園年表（1868～2012）

西暦	和暦	社会背景	行政・法制度等
1868	明治元年	戊辰戦争。王政復古。明治と改元。神仏分離	
1869	2年	版籍奉還。日刊新聞始まる	
1870	3年		工部省、文部省設置。開拓使設置
1871	4年	岩倉使節団が欧米に出発	廃藩置県
1872	5年	新橋～横浜間鉄道開通	陸・海軍両省設置
1873	6年	富岡製糸場開業	地租改正条例。太政官正院達第16号（公園制度の発祥）
1874	7年	「明六雑誌」創刊	
1875	8年	江華島事件。『国体新論』発表	樺太・千島交換条約
1876	9年	札幌農学校開校	日朝修好条規、工部省に工部美術学校付設
1877	10年	西南戦争。東京帝国大学設立	
1878	11年		参謀本部設置
1879	12年	琉球処分	
1880	13年		
1881	14年	国会開設の勅諭。自由党結成	農商務省設置
1882	15年	日本銀行開設	
1883	16年	鹿鳴館落成	
1884	17年	上野駅で白熱電灯点灯。秩父事件	華族令
1885	18年	天津条約（清国）。日本郵船開業	
1886	19年	帝国大学令	
1887	20年		
1888	21年		枢密院設置。東京市区改正条例
1889	22年	東海道線開通	大日本帝国憲法。東京美術学校設立
1890	23年	足尾銅山鉱毒被害	府県制・郡制
1891	24年	ニコライ堂完成	
1892	25年		
1893	26年	条約改正交渉開始	
1894	27年	日清戦争勃発	
1895	28年	下関条約。三国干渉	
1896	29年		航海・造船奨励法

造園関係事項	主たる造園作品・出版物
上野山内を東京府民に開放。小平義近宮内省に奉職。東京府、「桑茶政策」実施	
ボードイン、上野山内を公園とするよう政府に進言	東遊園地（兵庫）
	山手公園（神奈川）
	城山公園（長野）
太政官制公園の誕生	新潟遊園（白山公園、新潟）。上野公園（東京）。住吉公園（大阪）。
銀座煉瓦街に並木誕生	兼六公園（石川）。信夫山公園（福島）
小石川後楽園が一般縦覧可	栗林公園（香川）。高岡古城公園（富山）
上野公園に精養軒誕生。	彼我公園（神奈川）。東松原公園（福岡）。
上野公園に第1回内国勧業博覧会開催。御薬園を小石川植物園と改称。	椿山荘庭園（山縣有朋、東京）。指月公園（山口）
長岡安平が飛鳥山公園を設計	函館公園（北海道）
小川治兵衛、7代目植治を襲名	南公園（現・大浜公園、大阪）
岩崎弥太郎、深川別邸を深川親睦園と命名	奈良公園。養老公園（岐阜）。南湖公園（福島）
第2回内国勧業博（上野公園）。芝公園に紅葉館。	合浦公園（青森）
上野公園に動物園、博物館設置	岐阜公園
	明石公園（兵庫）
岡山後楽園、公園として一般公開	中島公園（北海道）
	円山公園（京都）
エンデ・ベックマン「日比谷官庁街計画」	
日比谷練兵場跡を公園とする事業が決定	道後公園（愛媛）
維新後初の両大神宮遷宮に際し、小澤圭次郎らの伊勢神宮神苑が造成	岩崎家深川別邸洋式庭園（東京、コンドル） 横井時冬『園芸考』
浅草公園に凌雲閣（十二階）誕生。本多静六ドイツ留学。琵琶湖疎水成る	清水谷公園（東京） 小澤圭次郎「園苑源流考」執筆開始
	中之島公園（大阪）
新宿御苑を拡張（果樹園、花卉園造成のため）	千秋公園（秋田）
東京市が日比谷公園の事業を決定。名古屋に公園協定臨時委員会を設置。	コンドル『Landscape Gardening in Japan』
平安神宮前、岡崎公園で内国勧業博覧会	志賀重昂『日本風景論』
	平安神宮神苑（京都、植治）
	無隣庵庭園（京都、山縣有朋・植治）

西暦	和暦	社会背景	行政・法制度等
1897	30年		貨幣法
1898	31年		
1899	32年		北海道旧土人保護法。商法。耕地整理法
1900	33年	経済恐慌	治安警察法。下水道法。
1901	34年	地震計発明。八幡製鉄所操業開始。	
1902	35年	日英同盟	
1903	36年		専門学校令。東京市区改正（新設計）
1904	37年	日露戦争。日韓議定書	
1905	38年	ポーツマス条約	
1906	39年		鉄道国有法。関東軍総督府設置。南満州鉄道設立
1907	40年	足尾銅山暴動	
1908	41年	ハワイ移民を停止。ブラジル移民出発	
1909	42年	三井合名会社設立	
1910	43年	韓国併合に関する日韓条約。朝鮮総督府設置	
1911	44年	関税自主権確立	工場法公布（施行は1916年）
1912	45年	東海道線新橋・下関間特急運転開始	
	大正元年	第一次護憲運動始まる	
1913	2年		運河法
1914	3年	桜島大噴火。第1次世界大戦参戦	
1915	4年	第1回全国中等学校野球大会。大戦景気	
1916	5年		
1917	6年	金輸出禁止	
1918	7年	シベリア出兵宣言。富山県で米騒動	原敬内閣成立（初の本格的政党内閣）。東京市区改正条例を5大都市に準用。
1919	8年		都市計画法。市街地建築物法。史跡名勝天然紀念物保存法
1920	9年	国際連盟に加盟	
1921	10年	ワシントン会議に参加	
1922	11年		
1923	12年	関東大震災	帝都復興特別都市計画法、帝都復興院設置

造園関係事項	主たる造園作品・出版物
	琴弾公園（香川）。依水園庭園（奈良）
日比谷公園改良委員会設置	手宮公園（北海道）
マルチネの設計図をもとに新宿御苑改造開始	和歌山公園
	榴ヶ岡公園（宮城）
	日比谷公園（本多静六、東京）
日比谷公園に松本楼誕生。茶臼山（天王寺）でない故国勧業博覧会	岡崎公園（京都）。舞鶴城公園（山梨）
長岡安平が芝公園内の滝を設計	天橋立公園（京都） 小島烏水『日本山水論』
	盛美園（青森）。三渓園（神奈川、原富太郎） 新宿御苑（改造、福羽逸人他、東京）
福羽逸人・白沢保美「東京市行道樹改良案」	箕面公園（大阪）。小倉公園（長岡安平、岐阜）
東京市公園改良委員会設置。東京府立園芸学校創立。	岩崎彌之助邸庭園（コンドル、東京） 松原公園（福井）。五台山公園（高知）
植治、京都園芸会会長に就任。千葉県立園芸専門学校創立	天王寺公園（大阪）。鶴舞公園（愛知）
	赤坂離宮庭園（市川之雄、東京）。徳島公園
	大宮公園（兵庫）
天王寺公園に通天閣	旭山公園（北海道）
桂離宮、修学院離宮等が植治によって修理	
東京市による郊外公園構想樹立、宮内省は井の頭御料地を東京市に下賜。	平安神宮東神苑（植治、京都）。栗林公園北庭（市川之雄、香川）、五稜郭公園（北海道）
	数寄屋橋公園（東京）。卯辰山公園（石川） 小澤圭次郎『明治庭園記』
	石手川緑地（愛媛）。二河公園（広島）
	井の頭恩賜公園（東京）。古河庭園（コンドル・植治、東京） 『明治園芸史』出版。小澤の「明治庭園記」を登載する。
日本庭園協会設立	田村剛『造園概論』。上原敬二『樹木根廻搬運移植法』。機関誌「庭園」創刊。
	野村碧雲荘庭園（植治、京都）。千鳥ヶ淵公園（東京）
東京市に公園課設置	明治神宮内苑（東京）
東京に日本最初の公園墓地多摩霊園開設、田園調布分譲開始	桜之宮公園（大阪）

西暦	和歴	社会背景	行政・法制度等
1924	13年	アムステルダム会議	帝都復興計画告示
1925	14年	日ソ基本条約。ラジオ放送開始	
1926	15年		
	昭和元年		
1929	4年		国宝保存法
1930	5年		
1931	6年	満州事変	国立公園法
1932	7年	MOMA「インターナショナルスタイル展」	
1933	8年	アテネ憲章。ブルーノ・タウト来日	風致地区決定標準、土地区画整理設計標準
1934	9年	満州国帝政実施	
1935	10年	国体明徴声明	
1936	11年	2・26事件	
1937	12年	日中戦争始まる	防空法
1938	13年	国家総動員法	厚生省設置
1939	14年	第二次世界大戦開戦	東京緑地計画
1940	15年	日独伊三国同盟。紀元二六〇〇年記念事業	都市計画法改正（緑地の法文化）
1941	16年	真珠湾攻撃。住宅営団設立	
1942	17年	ミッドウェー海戦。関門海底トンネル開通。	
1943	18年	ガダルカナル撤退。学徒出陣	防空法に基づく空地帯を指定
1944	19年	サイパン陥落。本土爆撃本格化。	
1945	20年	第二次世界大戦終結	戦災復興院設置
1946	21年	住宅営団廃止	特別都市計画法、自作農創設特別措置法
1947	22年	日本国憲法施行	厚生省国立公園部設立
1948	23年	極東国際軍事裁判	建設省設置法、内務省解体、自治省・農林水産省設置
1949	24年	ドッジライン明示。下山事件。日本工業規格(JIS)制定	林野庁発足 土地改良法、国立公園法改正

造園関係事項	主たる造園作品・出版物
大阪市に公園課設置。同潤会設立。東京高等造園学校創立	上原敬二『造園学汎論』『都市計画と公園』 京都府立植物園（京都）
日本造園学会設立	多摩川園（東京）
明治神宮初の風致地区指定	日本造園学会「造園学雑誌」創刊 明治神宮外苑（東京）
（財）国立公園協会発足。東京帝国大学農学部に造園学教室開設。千葉県立高等園芸学校が千葉高等園芸学校と改称	大濠公園（福岡）
	日本造園学会編「造園芸術」発刊。帝都復興大小55公園完成（内務省復興局・折下吉延、東京市公園課・井下清）。
	名城公園（愛知）
東京緑地計画協議会発足	永見健一『理論実際造園学』。北村徳太郎『都市の公園計画一応の理論』
丸の内美観地区指定	
8国立公園指定	「造園学雑誌」を「造園雑誌」に改称。 岡田邸（堀口捨己、東京）
	和辻哲郎『風土』 再度公園（兵庫）
公園緑地協会（後の日本公園緑地協会）発足	
第一回国際造園家会議（パリ）	「公園緑地」創刊 若狭邸（堀口捨身）。御堂筋並木（大阪）
	R.マンフォード『都市の文化』 東福寺方丈庭園（京都、重森三玲）
	重森三玲『日本庭園史図鑑』
	橿原公苑（奈良、紀元二六〇〇年記念） 宮城前広場（東京、紀元二六〇〇年記念）
東京農業大学に専門部造園科設置	
	上原敬二『日本風景美論』
千葉高等園芸学校が千葉農業専門学校と改称。東京農業大学専門部造園科を緑地土木科と改称	長居公園（大阪）
政教分離により社寺境内の公園解除。都市計画協会発足。東京農業大学専門部緑地土木科を緑地科に改称	
国民公園公開。国土緑化運動開始	大阪城公園（大阪）
東京都公園協会発足。軍用跡地の公園化がはじまる	「造園雑誌」第11巻1号復刊 雑誌「国立公園」復刊
広島平和記念公園コンペ。国土美化運動開始。千葉農業専門学校。千葉大学園芸学部となり造園学科を設置、東京農業大学専門部緑地土木科を農学部緑地学科とする	熊本城公園（熊本） 三ツ沢公園（神奈川）

西暦	和歴	社会背景	行政・法制度等
1950	25年	朝鮮戦争開戦、特需景気。住宅金融公庫発足。金閣寺放火で全焼	国土総合開発法、建築基準法、首都建設法、文化財保護法
1951	26年	サンフランシスコ講和条約調印。日米安全保障条約。日本ユネスコ・ILOに正式加盟	建設省都市局「公園施設基準」制定
1952	27年	日米行政協力調印。東京国際空港（羽田）供用開始	道路法、農地法
1953	28年	内灘基地反対闘争。新教育委員会法	
1954	29年	警察法、防衛庁設置法、自衛隊法	土地区画整理法
1955	30年	55年体制成立。日本ガットに正式加入。初の統一地方選挙	
1956	31年	神武景気。佐久間ダム完成	科学技術庁設立 首都圏整備法 都市公園法
1957	32年		自然公園法（国立公園法改正）　技術士法
1958	33年	CIAM解散・チームX始動。東京タワー完成。八郎干潟干拓開始	
1959	34年	岩戸景気。伊勢湾台風起こる	工場立地法
1960	35年	ヴェトナム戦争開戦。国民所得倍増計画閣議決定。（自民党・経済成長、所得倍増計画を発表）	新宿副都心再開発計画
1961	36年	全国的に土木工事急増	特定街区制度、宅地造成規制法 災害対策基本法、農業基本法
1962	37年	キューバ危機。首都高速開通。名神高速道路（栗東I.C－尼崎I.C間）	全国総合開発計画。都市樹木保存法。「風景の美と特質の保存に関する勧告」がユネスコで採択
1963	38年	オリンピック景気。	区分所有法。新住宅市街地開発法、新鳥獣保護及狩猟ニ関スル法
1964	39年	東京オリンピック。海外旅行の自由化実施。東海道新幹線開業。名神高速道路全線開通	新河川法。工業整備特別地域建設法。土地改良法。厚生省国立公園部設立
1965	40年	ILO87号条約。日韓基本条約	公害防止事業団法。建設省「河川敷地の占用許可について」
1966	41年	いざなぎ景気。東京海上ビル美観論争	古都法。首都圏近郊緑地保全法。住宅建設計画法

造園関係事項	主たる造園作品・出版物
国立公園協会設立。ガーデン協会発足。国土緑化推進委員会発足。文化財保護委員会設置	(財)ガーデン協会機関誌「ガーデン」発刊 服部緑地（大阪）
日本自然保護協会発足。日本都市計画学会設立	酒津公園（岡山）、広島中央公園（広島）
花いっぱい運動。奈良文化財研究所設置	江山正美「現代の造園形態」 赤岩山緑地（愛知）、国府台公園（千葉）
デザイン学会設立	船橋ヘルスセンター（千葉）、青葉山公園（宮城）、多摩川台公園（東京）
東京造園建設工業組合（任意団体）設立。日本造園学会。IFLAに日本代表を派遣	小金井公園（東京）、城南宮楽水苑（京都）
日本住宅公団発足	入谷南公園（池原謙一郎、東京）、広島平和記念公園（丹下健三、広島）
日本道路公団発足。東京農業大学農学部緑地学科が造園学科として新発足	東京都公園協会機関誌「都市公園」発刊 稲毛団地（千葉）、羽根木公園（東京）
造園懇話会。遊び場研究会。千里ニュータウン建設開始	森蘊『日本の庭園』 千里ニュータウン（大阪）、草月会館（丹下健三・勅使河原蒼風、東京）、武庫川公園（兵庫）
「庭のデザイナー六人展」。多摩平団地を大規模団地として起工。文化財指定庭園保護協議会設立。名古屋市白川公園計画懸賞公募	晴海高層アパート（前川國男）、日本芸術院会館（吉田五十八・中島健）、香川県庁舎（丹下健三）、多摩動物公園（東京）
首都高速道路公団発足	千鳥ヶ淵戦没者墓苑（田村剛、東京）
世界デザイン会議（池原・田畑ら参加）、(財)日本自然保護協会設立	K・リンチ『都市のイメージ』。「自然公園」創刊。「自然保護」創刊 都ホテル佳水園（京都、村野藤吾）。加満田旅館庭園（森蘊、神奈川）
近代造園研究所設立。国民休暇村協会設立。常磐公園（宇部）で第1回野外彫刻展	J・O・サイモンズ『Landscape architecture』。関口鍈太郎『造園技術』 玉堂美術館（吉田五十八・中島健）。東京文化会館庭園（東京、人工地盤）
千里ニュータウン入居開始	R・カーソン『沈黙の春』。芦原義信『外部空間の構成』 赤羽団地の中庭（東京、近代造園研究所）。鉄砲洲公園（東京）
筑波研究学園都市建設計画決定。多摩ニュータウン建設開始	登呂公園（静岡、登呂遺跡）。戸山交通公園（埼玉）。千里南公園（大阪）
第9回国際造園家会議（IFLA東京大会）。造園設計事務所連合設立。東都造園建設業協同組合設立。代々木公園競技設計。	児童施設研究会『こどものあそびば　計画・設計のすべて』。IFRA日本大会実行委員会『日本の造園』 駒沢オリンピック公園（東京）
日本造園緑地組合連合会設立。多摩ニュータウン・マスタープラン。富士急日本ランドコンペ。河川敷地公園の誕生。研究学園都市建設開始	「SD」創刊 明治村（愛知）。こどもの国（神奈川・東京）
「造園設計技術者名簿」の作成（造園設計事務所連合）。植物園協会設立。研究学園都市マスタープラン	新宿駅西口広場（坂倉準三、東京）。宮下公園（東京、人工地盤公園）。市原市緑地（千葉）。モントリオール万国博日本庭園（中島健）

西暦	和歴	社会背景	行政・法制度等
1967	42年	美濃部都政	「経済社会発展計画」(経済審議会)。公害対策基本法。近畿圏の保全地域の整備に関する法律
1968	43年	5月革命。学園闘争。川端康成ノーベル文学賞受賞。大気汚染防止法	文化庁設立。新全総。林野庁自然休養林制度制定。新全国総合開発計画発表
1969	44年	アポロ11号月面着陸。東大安田講堂封鎖事件。マンションブームと高層化　東名高速道路開通	都市再開発法。農業振興地域の整備に関する法律
1970	45年	日本万国博覧会開催(大阪)。国鉄ディスカバージャパン。歩行者天国の試験的実施(銀座、新宿等)	総合設計制度。水質汚濁防止法
1971	46年	沖縄返還協定	環境庁設立
1972	47年	沖縄祖国復帰。日中国交正常化。田中角栄「日本列島改造論」。高松塚古墳で極彩色壁画発見。国連人間環境会議	自然環境保全法。都市公園等整備緊急措置法。都市公園等整備5ヵ年計画発表
1973	48年	オイルショック。江崎玲於奈ノーベル物理学賞受賞	資源エネルギー庁設立。都市緑地保全法。工業立地法改正
1974	49年	地価高騰。佐藤栄作ノーベル平和賞受賞。山陽新幹線開通	国土庁設置。国土利用計画法。生産緑地法公布
1975	50年	沖縄国際海洋博覧会開催。新幹線博多まで運転開始。ベトナム戦争終わる	文化財保護法改正(重要伝統的建造物群保存地区制度)
1976	51年	ロッキード事件発覚。天皇在位50周年式典開催	都市公園法改正。都市緑化対策推進要綱
1977	52年	日本人の9割が中流意識。	三全総。「緑のマスタープラン策定の推進について」都市局長通達
1978	53年	日中平和友好条約調印。成田空港開港	都市緑化のための植樹等5ヵ年計画
1979	54年	インベーダーゲーム大流行	特定住宅市街地総合整備促進事業
1980	55年	イラン・イラク戦争	地区計画制度(都市計画法改正)
1982	57年		
1983	58年	ファミリーコンピュータ発売	市街地住宅総合設計制度。HOPE計画制度

造園関係事項	主たる造園作品・出版物
日本造園設計事務所連合設立（造園設計事務所連合を改称）。海中公園センター設立。平城宮東院庭園発掘調査開始。東京海上ビルを契機に美観論争が起こる	代々木公園（東京・ワシントンハイツ跡）。花隈公園（大阪）。代々木公園（池原謙一郎ほか、東京）。川口グリーンセンター（埼玉）。港北NT計画（グリーンマトリックス）。
観光資源保護財団設立。皇居北の丸地区公開。東海自然歩道構想。須磨離宮公園で第1回現代彫刻展。大泉緑地マスタープランコンペ。	佐藤昌『欧米公園緑地発達史』。「ランドスケープジャーナル」創刊 新宿中央公園東京、淀橋浄水場跡）。野幌森林公園（加藤誠平、北海道）。明治の森（東京高尾・大阪箕面）
世田谷公園改修基本構想コンペ。明治百年記念武蔵丘陵森林公園競技設計。千葉大学、大学院園芸学研究科造園学専攻修士課程設置	マクハーグ『デザイン・ウイズ・ネーチャー』 大阪ロイヤルホテル（吉田五十八・荒木芳邦、大阪）。玉川高島屋SC（東京）
海中公園の誕生。東京造園家協会設立	宮脇昭『植物と人間』。「季刊ランドスケープ」創刊。千里ニュータウン（大阪）。長岡セントラルパーク（池原謙一郎、新潟）
日本造園建設業協会設立。特に水鳥の生息地として国際的に重要な湿地に関する条約。多摩ニュータウン入居開始	G.エクボ『景観論』 京王プラザホテル外空間（深谷光軌、東京）
モデル・コミュニティ事業（自治省）。造園家集団設立準備会発足。広域公園の設置開始。研究学園都市に研究所移転、および入居開始	日本造園設計事務所連合『ランドスケープデザイン '72』。「庭」創刊。ローマクラブ『成長の限界』 日野自動車本社庭園（深谷光軌、東京）
日本緑化センター設立。日本道路緑化保全協会発足。日本植木協会設立。日本造園組合連合会設立。緑の国勢調査開始。造園技能士制度制定	「緑化産業新聞」創刊。「グリーンエイジ」創刊 西六郷タイヤ公園（東京）
日本公園緑地管理財団設立。ナチュラリスト制度（富山県）。東海道自然歩道開通。国立公害研究所設置。東京農業大学大学院農学研究科農学専攻に造園学特論を新設	田中正夫『日本の公園』 国営武蔵丘陵森林公園（初の国営森林公園・明治百年記念）。新宿四季の道（伊藤邦衛、東京）。
環境庁第1回緑の国勢調査発表。日本造園組合連合発足。造園施工管理技術検定制度制定。宅地開発公団設立	樋口忠彦『景観の構造』。深谷光軌作品集『外空間』。国営沖縄海洋博記念公園（沖縄）。国営飛鳥歴史公園石舞台地区（奈良）
日本造園修景協会発足（旧ガーデン協会）	重森三玲・完途『日本庭園史大系』完結。 愛知県緑化センター（瀧光夫・中村一）。フィリピン戦没日本人慰霊園（池原謙一郎）
多摩中央公園基本構想コンペ。筑波研究学園都市の建設	日本造園設計事務所連合『ランドスケープデザイン '72-'77』。佐藤昌『日本公園緑地発達史』。江山正美『スケープテクチュア』
	日本造園学会『造園ハンドブック』。日本公園百年史刊行会『日本公園百年史』。芦原義信『街並の美学』 サンシャイン60（東京）
	『緑の東京史』 羽根木プレーパーク（東京）
日本造園設計事務所連合を日本造園コンサルタント協会に改称。住宅・都市整備公団設立、公園緑地部設置	槇文彦ほか『見えがくれする都市』 グリーンピア津南（新潟）
ラ・ヴィレット国際コンペ。回転遊具事故が問題化	昭和記念公園（東京）
農業環境技術研究所・農業生物資源研究所設置	東京ディズニーランド（千葉）

西暦	和歴	社会背景	行政・法制度等
1985	60年	国際科学博覧会（筑波・つくば科学博）NTT民営化	オゾン層保護に関する条約
1986	61年	チャルノブイリ原発事故。男女雇用機会均等法	
1987	62年	国鉄民営化	四全総。総合保養地域整備法（リゾート法）。集落地域整備法
1988	63年	青函トンネル開業・瀬戸大橋開通。ペレストロイカ。「ふるさと創生」1億円交付決定	特定物質の規制等によるオゾン層の保護に関する法律
1989	平成元年	天安門事件。ベルリンの壁崩壊	土地基本法
1990	2年	バブル崩壊。国際花と緑の博覧会（大阪）	多自然型川づくりの通達。うるおい・緑・景観モデルまちづくり制度
1991	3年	湾岸戦争	
1992	4年	地球環境サミット。日本が「世界遺産条約」を締結。国連環境開発会議（アジェンダ21の採択）。生物の多様性に関する条約	都市計画法改正（市町村マスタープラン制度）。定期借地権創設（借地借家法）。絶滅のおそれのある野生動植物の種の保存に関する法律
1993	5年		環境基本法。
1994	6年		「緑の基本計画」制度化
1995	7年	阪神・淡路大震災。地下鉄サリン事件	生物多様性国家戦略。地方分権推進法
1996	8年		文化財保護法改正（文化財登録制度創設）
1997	9年	温暖化防止京都議定書締結	環境影響評価法。地球環境問題に関する行動計画
1998	10年	農政改革大綱。NPO法	五全総。地球温暖化防止に関する法律。中心市街地活性化法
1999	11年	PFI法。食料・農業・農村基本法	
2000	12年	地方分権。循環型社会形成基本法	大深度地下の公共的使用に関する特別措置法。
2001	13年	小泉内閣発足。省庁再編、国立研究所等の独立行政法人化	東京における自然の保護と回復に関する条例
2002	14年	日本・北朝鮮、初の首脳会談	都市再生特別措置法
2003	15年	有事関連三法成立	指定管理者制度
2004	16年	自衛隊、イラクへ派遣	景観緑三法。文化的景観創設
2005	17年	郵政民営化法	
2007	19年	参議院選挙で自民党大敗。高松塚古墳の石室解体	
2010	22年		
2011	23年	東日本大震災	

造園関係事項	主たる造園作品・出版物
	東京農業大学造園学科編『造園用語辞典』。前島康彦『宗教緑地論』 修善寺「虹の郷」（静岡）
公園施設賠償保険	「季刊ジャパンランドスケープ」創刊
森林総合研究所設置	
伝統文化および民間伝承の保護に関する勧告がユネスコで採択	
国立環境研究所設置。東京農業大学大学院農学研究科造園学専攻（修士課程）開設	コリア庭園（神奈川）
ねこじゃらし公園ワークショップ。樹木医認定制度	
	NTT基町クレド（広島）
「同時代風景展」	梅小路公園朱雀の庭（京都）
	日本造園学会誌「造園雑誌」を「ランドスケープ研究」に改称。 植村直己記念スポーツ公園（兵庫）
	「季刊ランドスケープデザイン」創刊 アクロス福岡（福岡）
	日本造園学会『ランドスケープ大系』発刊開始
東京農業大学地域環境学部造園科学科に改組	横浜ポートサイド公園（神奈川）
日本造園コンサルタンツ協会がランドスケープコンサルタンツ協会に改称	風の丘（大分）
国際園芸・造園博覧会（淡路島）	府中市美術館ランドスケープ（東京）
	衆議院議長公邸庭園（東京） さいたま新都心けやき広場（埼玉）
登録ランドスケープアーキテクト（RLA）制度	奈良万葉文化館ランドスケープ（奈良）
	六本木ヒルズランドスケープ（東京）
独立行政法人都市再生機構発足。	
愛・地球博	京都迎賓館（京都）。星のや・軽井沢（長野）
千葉大学園芸学部に緑地環境学科、大学院園芸学研究科に緑地環境学コースを設置	マーク・トライブ（三谷訳）『モダンランドスケープアーキテクチュア』
	武田史朗ほか『テキストランドスケープデザインの歴史』
	進士五十八『日比谷公園 一〇〇年の矜持に学ぶ』

索 引

概念・計画・制度・法律・書名

ア
イギリス風景式庭園　72,78
エメラルド・ネックレス　90
カ
外国人居留地　28,64,86
近代数寄者　21,71,72
グリーンスウォード　88
『京華林泉帖』　70,71
桑茶政策　24
国立公園　16,38,39,54,55,91
国立公園法　16,55
サ
史蹟名勝天然紀念物保存法　16,55,96
自然主義庭園　70,71,72
実用主義の庭園　68
芝庭　65,66
住宅改良運動　68
上地令　24
震災復興計画　21,30
震災復興公園　41,42,43
『新時代の庭園と住宅』　76
雑木の庭　72
総合大阪都市計画　47
タ
太政官布達第16号（正院達第16号）
　16,24,25,49
団地造園　16,50,51
『庭園の設計と施工』　73
テーマパーク　58
田園都市論　48
天王寺動物園　32,63,75
東京公園計画書　40,41
東京市改正条例　19
東京市区改正設計（旧設計）　30
東京市区改正設計（新設計）　30
東京府下最初の五公園　25
東京緑地計画　43,44,45
登録記念物（名勝地）　96
都市計画法　21,32,40,41,45
都市公園法　16,21,50
ナ
『日本山水論』　54
日本新八景（日本八景）　54,55
『日本風景論』　54
ハ
博覧会　32,58,59,60,63,67,70,84,92
花苑都市　48,49
ハハー　78,79
パリ万博　92

東山動物園　63
日比谷公園　30,31,32
火除地（火除明地）　24
広小路　24
ブールバール　42,85
フォルクスガルテン　85,86
プレイロット　50,51
文化財保護法　95,96
ペデストリアン・スペース　51
防空法　45
防空緑地　43,45
マ
『名園五十種』　65
名勝　16,55,95,96
ラ
ランドスケープ・アーキテクチュア
　（近代造園）　34,78,90,91
緑地　46,51,85,96
ルナパーク　32,59,60
レッドブック　81
ワ
和洋館並列型住宅　64,65

組織・団体

ア
岩倉使節団　18,26,27
大阪市公園課　46
カ
宮内省内匠寮　20,33,66
サ
ジャパン・ツーリスト・ビューロー　56
造園懇話会　52
造園設計事務所連合　52,53
タ
千葉県立園芸専門学校　34,35
千葉高等園芸学校　16,33,34,37
東京高等造園学校　16,37,38,49,61
東京市公園課　42
東京帝国大学農科大学　34,37
都市計画地方委員会　41
ナ
内務省復興局　42,43
日本住宅公団　51,52
マ
明治神宮造営局　35

人物

ア
相川要一　38,43
荒木芳邦　38,96
アルファン，アドルフ　84,85

飯田十基　53,72,76,96
池原謙一郎　51,53
市川政司　38,43
市川之雄　33
伊藤邦衛　53
井上卓之　38,53,96
井下清　22,37,38,41,42,43,47
井原百介　32
岩城亘太郎　76
岩本勝五郎　70
植治　16,70,71
上原敬二　35,36,37,38,74,76
エクボ，ガレット　92,93
太田謙吉　35
大屋霊城　35,48,73,
小形研三　53
小川治兵衛（七代目）　32,70,74
小川白揚（保太郎）　74
小澤圭次郎（酔園）　32
折下吉延　35,36,37,42
オルムステッド，フレデリック・ロー
　27,84,87,88,89,90,91
カ
カイリー，ダン　94
鏡保之助　34
加藤五郎　38,49
狩野力　35
川瀬善太郎　35
川本昭雄　51
北村徳太郎　44
北村信正　51
ケント，ウィリアム　79,80,82
小島烏水　54
小平義近　31,66
後藤朝太郎　38
後藤健一　76
後藤新平　42
小林一三　60
コンドル，ジョサイア　18,19,20,66,95
サ
斉藤勝雄　76
ササキ，ヒデオ　94
佐藤昌　43,44,45,50,52
椎原兵市　46,47,48,67
志賀重昴　54,55
重森三玲　22,76
白沢保美　38
末田ます　38
杉本文太郎　69
関一　46
タ
ダウニング，アンドリュー・ジャクソン
　87,88
高村弘平　38,61
竹内栖鳳　72

龍居松之助　37,38,76
田中芳男　31,64
玉利喜造　34
田村剛　34,35,36,38,54,55,68,69
チャーチ，トーマス　92,93
戸野琢磨　38,60,61
長岡安平　31,95
中島卯三郎　35,66
中島健　38,53,96
長松太郎　50
西川友孝　53,76
西川浩　76
西田富三郎　74,76

ハ
パクストン，ジョセフ　27,84
橋本八重三　62,67
林修巳　33,34
原熙　34,35,36
ハワード，エベネザー　48
平山勝蔵　38
福富久夫　50
福羽逸人　33,34
ブラウン，ランスロット　79,80,81,82
ブリッジマン，チャールズ　79,80
ボー，カルバート　88,89
ボードイン，アントニウス　25
堀口捨己　22,75,76
本郷高徳　31,34,35,36
本多錦吉郎　69
本多静六　31,34,35,36,38,54

マ
松本幾次郎（二代目）　72
マルチネ，アンリ　33
三好学　55
森一雄　35

ヤ
保岡勝也　38
山縣有朋　30,69
山本春擧　72

ヨ
横井時敬　38
横山光雄　50
吉村巖　53,76

ラ
ル・ノートル，アンドレ　27,76
レプトン，ハンフリー　79,81,82
レンネ，ペーター・ヨセフ　86
ローズ，ジェームズ　92,93,94

造園作品・空間

ア
浅草公園　25
飛鳥山　23,24,72

飛鳥山公園　25
天橋立公園　49
嵐山公園　49
有栖川宮記念公園　65,75
イギリス公使館庭園　29
入谷町南公園　51
岩崎邸庭園　65,66
ヴァンセンヌの森　85
上野公園　25,59
上野動物園　63
エングリッシャーガルテン　86
大隈邸庭園（雉子橋）　65
大阪城公園　47
岡田邸　75,76
オランダ商館庭園　26,64

カ
神奈川公園　43
鹿鳴館庭園　29
砧緑地　44,45
旧古河庭園　66,95
京都市記念動物園　63
錦糸公園　41,42,43
グラバー邸庭園　29
慶沢園　32
ケンジントン庭園　80
小金井緑地　45
古稀庵　69,70,72
古谿荘庭園　74

サ
坂本町公園　31
桜之宮公園　47
品川御殿山　23,97
篠崎緑地　44,45
芝公園　25
神宮徴古館庭園　33
新宿御苑　33,63,66
神代緑地　45
水晶宮（クリスタルパレス）　27,84
ストウ園　78,79,80
隅田公園　30,40,42,43
住之江公園　49
セントジェームスパーク　83
セントラルパーク　27,78,87,88,89,90

タ
第二無鄰庵　69
高原児童公園　49
椿山荘　69,70
築地ホテル館庭園　29
月島第二公園　43
鶴舞公園　32
天王寺公園　32,47,59,75
桃園　23,24
東宮御所庭園　33
東福寺方丈庭園　76
豊島園　60,61

舎人緑地　45

ナ
二条児童公園　49
野毛山公園　43

ハ
バーケンヘッドパーク　83,84
ハイドパーク　83,84
函館公園　29
服部霊園　47
花屋敷　58
浜町公園　42,43
浜寺公園　48
東遊園地　28
日比谷公園　30,31,32
ビュットショーモン公園　85
深川親睦園　73
フランクリンパーク　90
フリードリッヒ・ウィルヘルムス・パルク　86
ブローニュの森　85
プロスペクトパーク　90
平安神宮　70
ベルサイユ宮苑　27
墨堤の桜　23
ボストン・コモン　86,90
細川邸庭園　65

マ
マウント・オーバン・セメタリー　86
円山公園　49
水元緑地　45
箕面公園　48
無鄰庵　69,70,71
明治神宮外苑　36,37
明治神宮旧御苑　65,66
明治神宮内苑　36,37
元町公園　42,43,97
モンソー公園　85

ヤ
山下公園　30,43
山手公園　28,96
横浜公園（彼我公園）　28
吉屋信子邸庭園　76

ラ
蘆花淺水荘庭園　72
六条児童公園　49

著者略歴：粟野 隆（あわの・たかし）

造園史家、東京農業大学准教授
1976年兵庫県生まれ
東京農業大学大学院農学研究科農学専攻博士課程修了
独立行政法人国立文化財機構奈良文化財研究所にて考古遺跡の発掘調査や保存整備、歴史的庭園の調査研究に従事。専門は造園史および文化財保存計画。
2017年日本造園学会賞（研究論文部門）受賞

近代造園史　Modern Landscape Architecture

2018年8月30日　初版第1刷発行

著　　　者	粟野 隆
編　　　集	澤田 忍
編 集 協 力	梶原 博子
	狩野 芳子
発 行 人	馬場 栄一
発 行 所	株式会社建築資料研究社
	〒171-0014 東京都豊島区池袋2-38-2 COSMY-Ⅰ 4F
	http://www2.ksknet.co.jp/book/
	TEL：03-3986-3239　FAX：03-3987-3256
デザイン	株式会社マップス
印刷・製本	株式会社ワコー

©建築資料研究社 2018　Printed in Japan
ISBN978-4-86358-580-5
本書の複写複製・無断転載を禁じます。万一、落丁乱丁の場合はお取替えいたします。